JC総研ブックレット No.14

水田利用の実態

我が国の水田農業を考える

星 勉・小沢 亙・吉仲 怜・大仲 克俊・安藤 光義◇著

はじめに（解題）

本ブックレットは、『我が国の水田農業を考える（下巻）―構造展望と大規模経営体の実証分析―』（ＪＣ総研ブックレット№８、２０１５年1月）の続編として上梓したものです。

今回は、今後の水田農業のあり方に係わって、「日本型輪作体系」の可能性を検討すべく飼料用米生産の先進事例として山形県遊佐町及び青森県津軽平野部に位置するT市での大規模経営体の経営実態、そして北関東の米麦作地帯での集落営農を取り上げています。

本ブックレットは、以上の趣旨のもと、以下のような構成となっています。

飼料用米生産に関わって、導入部分として①我が国水田経営における飼料用米取り組みの現状と課題を小沢論文で概観しています。次に、実態調査編として、②山形県遊佐町における水田経営での飼料用米取り組みの実態を小沢論文で取りまとめ、更に③津軽平野部における飼料用米生産と利用を吉仲論文で取りまとめています。次いで④北関東米麦作地帯の農業構造と営農組織の現状―埼玉県熊谷市・群馬県伊勢崎市の集落営農組織の実態を大仲論文において整理・検討しています。最後に、⑤まとめを安藤論文が行っています。

以下、順にそれぞれの論文の結論のみですが要約します。

飼料用米栽培と流通についてですが、まず取り組みの現状と課題について整理しています（小沢論文）。

飼料用米は、飼料用米を含む新規需要米への交付金単価が10ａ当たり8万円となった２０１０年から本格的に生産され始めました。これまでは飼料米の供給先の確保が困難なことや、主食用米の需要動向や価格状況に左右され毎年の生産量は変動してきていました。しかし、２０１４年からは生産数量に応じて交付金を支払う数量払いが導入され、主食用米の過剰基調による米価の大幅な下落や在庫の累増という状況が飼料用米への取り組み増大へと結びつき栽培面積拡大の状況が顕著となっています。

今後の見通しとしては、10ａ当たり8万円水準の交付金の将来にわたる安定交付がコスト・収益からみても飼料用米生産の前提というのが現場の実態であり、今後はこうした将来を展望できる政策の確立が必要となっています。

次に、実態調査とその分析編です。まず小沢論文『遊佐町における水田経営での飼料用米取り組みの実態―経営成立の条件―』です。

遊佐町における飼料用米栽培は、農産物の生産と流通・消費全般に亘り、生活クラブ生協と提携の歴史があり、その経緯の中で開始されました。

調査では代表的大規模経営体24を対象に現地ヒアリングを行っています。今後の経営規模拡大の意向について、11経営体で「拡大」(46％) と回答してきており、こうした結果は、飼料用米への交付金の拡充強化と地域と生協との産消提携が確固たる基盤として、背景にあったからこそでした。

更に、吉仲論文『津軽平野部における飼料用米生産と利用―地域に立地する養豚経営と契約水田農家―』です。

２０１４年以降に国からの助成金が数量払いに移行したのに伴い、津軽平野部においても飼料用米作付面積が拡大してきました。

アンケート調査の結果（２０１４年実施、９２９票の有効回答）から生産調整廃止後の土地利用意向としては、５ha以上層において、非主食用米（飼料用米、加工用米）への対応を強化する意向が多くみられました。経営上の課題点については、「５ha以上層等大規模層は作業体制の見直しや直播体系、コスト削減を課題視しているのに対して、中小規模層では保管や流通体制づくりが課題である」、と結論付けています。

政策への評価と課題点としては、「青森県のような低米価水準の地域では、収量の維持が収益性に直結し、２０１４年以降の数量払い助成方式はこれに寄与しています」。但し、交付金水準について、生産農家の評価が高いものの、「問題はこの交付水準がいつまで続くのかという政策の安定性が課題である」、と結論付けています。

大仲論文『北関東米麦作地帯の農業構造と営農組織の現状―埼玉県熊谷市・群馬県伊勢崎市の集落営農組織の実態から―』では、埼玉県熊谷市及び群馬県伊勢崎市における、麦作等の転作部門の集団的対応を担う集落営農組織の現状と展望について、現地ヒアリング及び営農組織へのアンケート調査により集計・分析しています。

熊谷市内の集落営農へのアンケート調査結果によると、品目横断的経営安定対策を契機に、麦作を担う集落営農が設立されましたが、いずれの営農組織も、各年度に生じた収益は全て構成員に配分され、資本蓄積がなされていませんでした。伊勢崎市については、米麦作担い手状況について、２つの農事組合法人へヒアリングを行っています。２つの法人とも、熊谷市の集落営農同様、得られた収益は、全て年度中に配分されていました。

以上の結果から、転作請負型の北関東の集落営農組織は、発足の経緯からして、構成員への交付金配分といった「政策対応型集落営農」(星）となっていると、結論付けています。

本ブックレットのまとめとして安藤論文『水田農業に与える政策の影響―飼料用米と集落営農―』を掲載しています。その視点として、農業経営にとって「政策が最大のリスク」となりうることから、「水田農業の構造変動に政策が与える影響」にフォーカスしています。

まず飼料用米生産の意義と課題についてです。「麦と大豆による転作が限界に来ていることが、飼料用米生産を後押ししています」。それというのも、輪作することなく連作可能であり、「米での転作であれば、新たに機械等を購入する必要はなく、生産者のメリットが大きい」。このように、「飼料用米生産は米の生産調整と強い関連をもった水田保全政策としての役割を担っています」。また「地帯別では、相対的に米価水準が低い地域ほど飼料用米生産の導入が進む」と結論付けています。今後の主食用米のさらなる需要減少、米価水準の低位平準化等を考えると、米の主産地や条件の良い平場において、さらに一層、飼料用米生産が拡大することが予測されます。

次に、山形県・青森県等の現地調査結果についてです。

吉仲論文も指摘するように今後、飼料用米生産の作付面積の増加が見込まれるのは相対的に低米価水準地帯であるのに加え、水田経営面積10ha前後の階層が分厚く存在しているような地域だとしています。但し、今後このような傾向が定着するかどうかは、小沢論文及び吉仲論文でも指摘している政策（交付金水準）の安定性に懸かっています。

関東二毛作水田地帯の現地調査結果については、麦作の補助金交付対象からはずされないようにするため、集落営農が２００６~07年において軒並み起ち上げられましたが、実質的な担い手となっているかを検証しています。その指標として法人化を挙げていますが、法人化は相当進んでいたものの、その経営実態は、資本蓄積がなされず、「機械作業も組合員の持ち寄りや組合員への再委託がほとんどで、自立した経営体とはなっていません」でした。このような集落営農が補助金の受け皿として留まっている背景として、伊勢崎市を例にとると、構成員の専業農家が露地野菜（白菜・ブロッコリー）や施設野菜（ニラ）の個別経営に注力しているという実態がありました。但し、現地では期間借地に代わって通年での利用権設定という、より安定的な賃貸借形態に移行してきており、賃貸借による大規模経営という下地は整いつつある、という評価でした。

安藤論文で当初に措定した、「水田農業の構造変動に政策が与える影響」について、安藤論文等より筆者（星）なりに整理すると、飼料用米生産については、構造変動に政策が与える影響は大であり、その分、国は覚悟を決めて政策の安定性に務めるべきという結論に行き着きます。一方、北関東の米麦地帯については、通年での利用権設定の普及という特定の担い手による大規模経営への下地は整いつつあるものの、政策が構造変動（＝米麦地帯における大規模経営の成立）に決定的な影響を与えるには至っていませんでした。今暫く時間がかかるか、露地野菜や施設野菜の専業農家（オペレーター）と集落営農との関係などについて、もう一工夫する必要がありました。

本ブックレットは一般社団法人ＪＣ総研が平成26年度に行った『土地利用型大規模経営体の安定的発展の条件

に関する調査研究』の成果をまとめたものです。

同調査研究の成果については、以上で述べた成果概要の他に、本書の姉妹編である『農業収入保険を巡る議論—我が国水田農業を考える—』にも掲載されております。併せてご購読頂ければ幸甚です。

1　我が国水田作経営における飼料用米取り組みの現状と課題

２０１０（平成22）年産から本格化した飼料用米生産は同年産６万８０１１トン、２０１１年産16万９００トン、２０１２年産16万６５３７トン、２０１３年産10万８５７６トン、２０１４年産18万６５６４トンときわめて特異な動きを示しています。

近年の飼料用米生産は２００４年頃から始まっています。飼料用輸入穀物の高騰を受けて、岩手県や山形県で養豚業者と耕種農家（地域）との提携で開始されました(1)。それまで転作作物ごとに国でほぼ一律に決められていた奨励金が、地域・産地ごとに自由な配分を認めた産地づくり交付金に変わったことが大きなインセンティブとなりました。当然のことながら、主食用米への横流しを防ぐために、専用品種、厳格な区分管理、詳細な報告を農林水産省は求め、限定的な取り組みでした。

しかし、国際穀物相場の高止まり、飼料用米給餌豚肉のブランド化の成功で転作実施者の飼料用米への期待が高まりました。２０１０年度からの転作対策である水田利活用自給力向上事業で飼料用米を含む新規需要米への交付金単価が10ａ当たり８万円となり、２０１１年産の生産量は前年の約３倍と本格化しました。しかし、飼料用米の価格（１kg当たり30～40円程度）が刈り取り後の費用（乾燥調製、保管、輸送）を賄えるかどうかの水準だったこと、折しも東日本大震災の影響と思われる主食用米市場の回復もあり、２０１２年産はわずかな増加にとどまりました。さらに、東日本大震災の影響は続き、政府による備蓄用米の確保が進められ、さらに加工用米

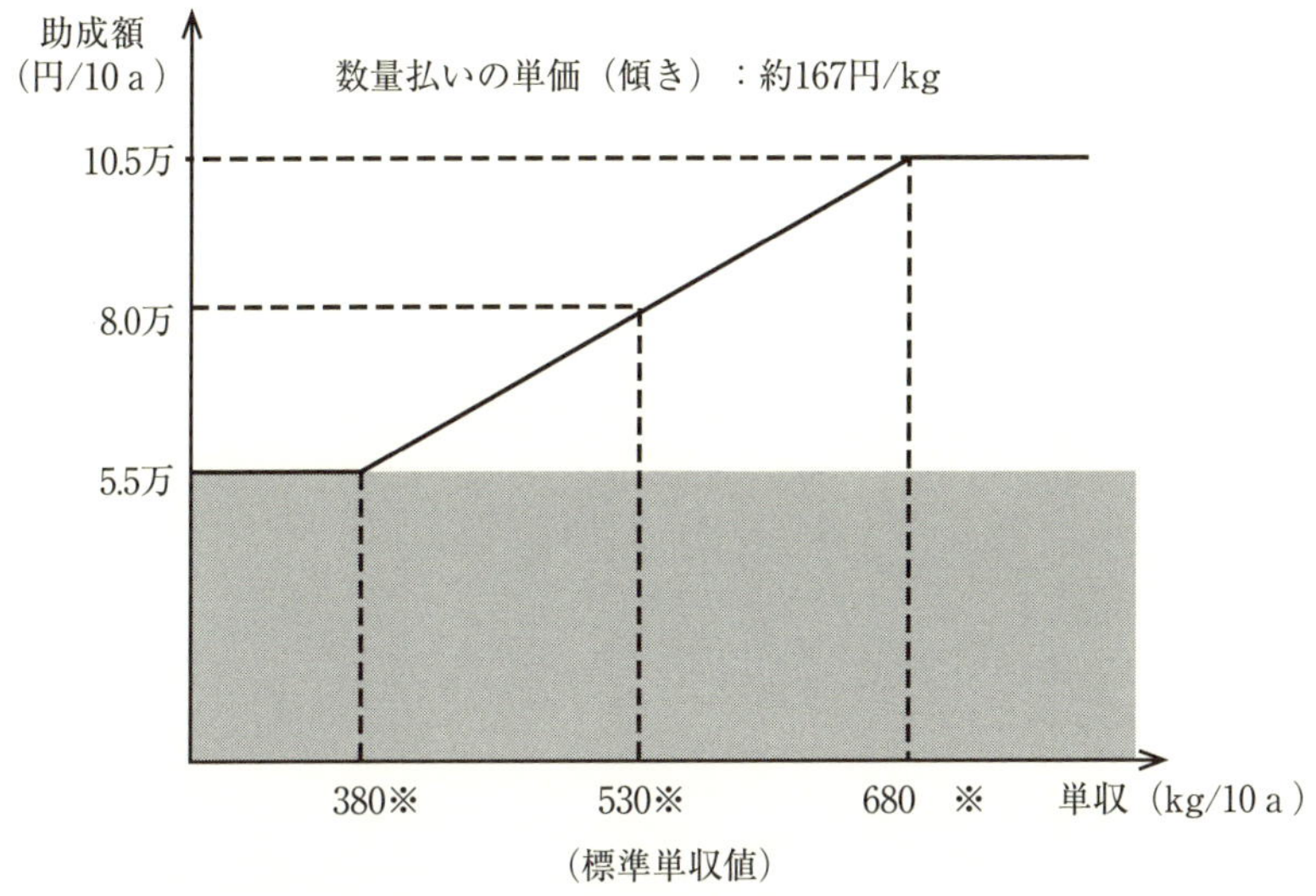

図１　数量払いのイメージ

・数量払いによる助成については、農産物検査機関による数量の確認を受けていることを条件とする。
・※は全国平均の平年単収（標準単収値）に基づく数値であり、各地域への適用に当たっては、市町村等が当該地域に応じて定めている単収（配分単収）を適用するものとする。
資料：飼料用米の推進について（2015年８月、農林水産省生産局）

の価格が上昇し、２０１３年産では一転して飼料用米は大幅な減少となりました。

主食用米の需要は着実に年間８万トンずつ減少しており、２０１４年産の主食用米では過剰が予想されたこと、耕作放棄地解消が求められることなどから、水田活用の直接支払交付金で主食用米と明確に区分管理される飼料用米については生産数量に応じて交付金を支払う数量払い（**図１**）を導入するとともに、専用品種については産地交付金の増額が盛り込まれたことで、２０１４年産の飼料用米は反転増加し２０１２年産を上回る生産量となりました。しかし、主食用米の過剰は改善されず、９月には東北各県の農業団体が主力品種で９千円を下回る概算金を決定しました。

これを受けて、２０１５年産の主食用米の配分はさらに減少するとともに、農林水産省主導でいわゆる「深掘り」も進められました。同時に検討が進められ、２０１５年3月に公表された食料・農業・農村基本計画では２０２５（平成37）年の食料消費の見通し及び生産努力目標に飼料用米１１０万トンと記されました。また全農は２０１５年産の飼料用米生産数量目標を60万トンとするなど、官民挙げて飼料用米の生産拡大が進められています。

食料・農業・農村基本計画に大幅な拡大が盛り込まれ、全農も積極的に取り扱う姿勢に転換しており、数十年にわたる生産調整の政府関与の終焉を迎えようとするこの時期に、従来の畑作物の転作に比べて適応しやすいため、米生産者も強い期待を抱いているようです。しかし、依然として政策に依存せざるを得ないため、わずか数年の飼料用米生産での激しい変動は、先行きに対する不安感をぬぐえません。一方で、輸入飼料の価格変動に振り回されてきた需要者である畜産業者は国産飼料確保の面で強い期待を抱き、生産の拡大を求める声が多く聞こえます。

2章、3章では、先駆的に取り組んだ山形県遊佐町と、後発ですが集約化が進む青森県五所川原市でこれからも地域農業の中核を担うであろう大規模農家を対象に実施した聞き取り調査をもとに、飼料用米生産の今後を展望します。

2　遊佐町における水田作経営での飼料用米取り組みの実態──経営成立の条件──

(1) 遊佐町農業の特徴と飼料用米への取り組み

遊佐町は山形県庄内地方北部、秋田県境に位置しています。遊佐町農業を語る上で、生活クラブ生協との産消提携は欠かすことができません(2)。自主流通米制度が始まっていたとはいえ、まだ食糧管理制度による米流通の自由度がほとんどなかった1971年に、旧遊佐農協(現JA庄内みどり遊佐支店)は生活クラブ生協との間で米の産消提携を開始しました。今では生産する米の3分の2、最終生産物が生活クラブ生協で取り扱われるものの原料となる農産物の生産まで含めて水田面積の6割を超える面積が提携に関係する重要なパートナーになっています(**表1**)。提携の基幹をなすのは「共同開発米」と称する米です。生産者と消費者が両者で協議し開発していることから「共同開発米」といいます。米は宮城県で開発され山形県内では組織的にあまり生産されていない「ひとめぼれ」と山形県で育種したのですが現在は奨励品種から外れた「どまんなか」を8：2でブレンドしたものを基本としています。他に、今ではほとんど生産されなくなったササニシキ(ササオリジンといいます)、より栽培基準が厳しい無化学肥料・無農薬で生産された米などがあります。酒米の雪化粧、加

表1　水田利用のうち生活クラブ生協関連生産(2012年度)

共同開発米	1,224.8ha	105,498俵
雪化粧(酒米)	5.0ha	288俵
加工用米	16.3ha	100.0トン
大　豆	322.3ha	347.0トン
飼料用米	261.1ha	1,423.2トン
なたね	6.2ha	4.7トン
ソ　バ	33.5ha	12.4トン
合　計	1,869.2ha	総水田面積の60.3%

資料：JA庄内みどり提供。

工用米、大豆なども生活クラブ生協と提携する加工業者に提供されています。

米の消費が減少し続け、米の供給過剰が常態化しているため、遊佐町も米の生産数量の配分が減少しつづけ、転作率は高まってきました。生活クラブ生協との提携で転作作物も販売先が確保され、他地域に比べ有利な販売は可能ですが、生産性の低い転作田、調整水田、さらには耕作放棄も見受けられるようになりました。このような状況を憂慮した生活クラブ生協は２００３年末、飼料用米生産を提案しました。飼料用米の供給先は、これも生活クラブ生協と強い提携関係を持ち、同じ庄内地方北部にある養豚業者の平田牧場です。平田牧場は１９９０年代後半、所在する旧平田町内の米生産者と提携し飼料用米の取り組みを経験しており、可能性や課題も把握していました。さらに、平田牧場の豚肉製品の多くを購入する生活クラブ生協組合員の理解が得られれば、飼料原料としての米の価格もある程度高額にできる可能性もあります。当時「共同開発米」は１kg当たり２７７円、米で代替する飼料原料トウモロコシ価格約20円という途方もない価格差を少しでも縮めることができる可能性もあり、米生産者の低コストの取り組みと合わせれば、全く可能性がないとはいえないと関係者は考えました。そして、「国内における飼料穀物の自給化実験として農家・畜産業者・消費者が一つの土俵を構築し、循環型農業・耕畜連携における国内自給の重要性を視点に組織的に取組む意義ある活動」(3)と位置づけ、遊佐町と共同開発米部会の米生産側、飼料用米の需要側である平田牧場、両者をつなぐ生活クラブ生協、そして東北農業研究センター、山形県、山形大学農学部など関係者による３年間の「飼料用米プロジェクト」が２００４年に始まりました。

生産調整への助成が産地づくり交付金となり、地域の自由な配分が可能になったとはいえ、従来から作付けし

表２　飼料用米作付状況（遊佐町）

	人数	作付面積	生産量	収量/10a	助成金単価/10a	販売単価/kg	全国作付面積
2004年	21人	7.8ha	30.3トン	388kg	20,000円	40円	44ha
2005年	38人	19.3ha	107.7トン	558kg	35,000円	40円	45ha
2006年	111人	60.5ha	347.3トン	574kg	55,000円	40円	104ha
2007年	230人	130.0ha	691.2トン	530kg	50,500円	46円	292ha
2008年	286人	167.9ha	977.5トン	582kg	41,500円	46円	1,611ha
2009年	341人	209.0ha	1,215.1トン	581kg	80,000円	46円	4,129ha
2010年	374人	243.3ha	1,278.5トン	526kg	80,000円	36円	14,883ha
2011年	435人	317.0ha	1,665.5トン	525kg	80,000円	36円	33,955ha
2012年	389人	261.1ha	1,423.2トン	545kg	80,000円	32円	34,525ha
2013年	391人	246.1ha	1,429.6トン	581kg	80,000円	32円	21,802ha
2014年	393人	276.3ha	1,761.8トン	638kg	80,000円＋α	32円	33,881ha

資料：JA庄内みどり提供、農林水産省HP
注：2008年までの助成金には町・県独自の加算金も含まれます。

ている転作作物との関係もあり、飼料用米への助成金を高額にできるものでもないことから、飼料用米生産者と遊佐町関係者は低コスト、高収量生産技術、平田牧場は飼料用米給与に関する技術的な検討と生産物である豚肉への影響評価、生活クラブ生協は代替する輸入トウモロコシと飼料用米の価格差から生じる豚肉価格の上昇への組合員の理解を高める活動にそれぞれ取り組みました。そのような中、生活クラブ生協組合員向けのシンポジウムで試食として提供された豚肉を参加した生活クラブ生協組合員は「おいしい」と評価しました。複数回行われた試食はいずれも高い評価だったことから、「こめ育ち豚」と命名されました。後は飼料用米生産者の収入をいかに確保するかが課題となりました。関係者からの強い働きかけもあり、折しも穀物の国際市場価格の高騰もあり、政府は自給飼料生産拡大のメニューに飼料用米定着化緊急対策事業を追加し、２００９年産の助成金を８万円に決定し、一気に様相が変わりました。

表２は２００４年産からの遊佐町の飼料用米の取り組みを概観したものです。３年間の「飼料用米プロジェクト」の間、目標の１００haには届きませんでしたが、60haまで増加し、２００７年産では１３０haになります。

2008年、「こめ育ち豚」の高評価から平田牧場は提携農場も含め生産する約20万頭全てで肥育後期飼料の10％を飼料用米とし、遊佐町と同じJA管内の酒田市、生活クラブ生協と提携している宮城県JA加美よつば、栃木県開拓農協などでも生産を開始しました。その後、平田牧場は肥育前期飼料への10％配合、肥育後期飼料への15％配合と飼料用米生産の拡大に応じて利用量を拡大しています。

しかし、遊佐町は2012年産でいったん減少に転じています。これは転作の主力である畑作物の連作障害軽減も目的となっているため、同一圃場での飼料用米生産は3年という自主制限を加えたためです。このため、遊佐町では2011年産以降水田利用がほぼ安定したといっていいでしょう。一方で、高収量が望める専用品種（ふくひびき）を作付けしているにもかかわらず、2013年産まで主食用米の平均収量を下回っていました。ところが2014年産から数量払いが導入されると平均単収も一気に向上しています。栽培技術の面ではまだ改善の余地があるようです。

近年、政府や関係団体は飼料用米の生産を拡大するために、区分管理したものであれば主食用米と同じ品種であっても飼料用米として認めていますが、遊佐町は「飼料用米プロジェクト」の3年間で適正品種とした「ふくひびき」に品種を統一し、全量共同乾燥施設を利用することにしています。

以上のように、遊佐町における飼料用米生産は厳しい自主規制をしつつ、生産技術的はまだ途上ですが、地域農業の生産体系にしっかり位置づけられ面積的には安定期に入ったようにみえます。そのような中、水田を主とする地域農業の中核を今後とも担うであろう比較的大規模層がどのような考え方を持っているのかを明らかにし、今後の水田農業地帯である遊佐町での飼料用米生産を含めた農業を概観します。

（２）調査対象経営体の土地利用状況

調査はＪＡ庄内みどり遊佐営農課に依頼し、代表的大規模経営体24を対象に、８月27、28日に面接調査で行いました。

対象経営体の土地利用状況は**表３**の通りです。協業経営体である１番を除いて、23経営体は個別経営で、主な経営耕地は水田です。１番の経営体は主食用米全面積で種子生産を行っていますが、他の経営体はすべて生活クラブ生協との提携米である「共同開発米」を生産しています。転作率は概ね３割であり、飼料用米、加工用米、ＷＣＳ用稲[4]の米による転作か大豆です。米による転作は平均で５割を超え、半数の12経営体が５割を超えます。飼料用米をみると、２０１３年に生産していなかった３経営体も２０１４年には生産を開始し、全経営体で作付けされています。経営体による増減はあるものの、２０１４年に新たに作付けした３経営体を除く21経営体の平均作付面積は１５２ａから１５４ａとわずかな増加にとどまり、全国的な増減とはまったく違い、ほとんど変化はありません。同様に大豆もそれほど大きな変化はなく、２年間の対象経営体の作付けはおおむね変化はありません。

表３　調査対象経営体の土地利用状況（2014 年）

単位：a

	経営耕地			水田		畑		主食用米作付面積配分	転作面積	米による転作割合	大豆転作割合	飼料用米		加工用米		WCS 用稲		大豆	
	水田	畑	施設	所有面積	借入面積	所有面積	借入面積					2014	2013	2014	2013	2014	2013	2014	2013
1	3,260		30	100	3,160			2,190	1,070	79.4%	4.9%	110	60	270	260	470	370	52	130
2	2,937	170	25	1,367	1,570	100	70	2,001	936	35.4%	58.5%	331	267					548	563
3	2,235			1,712	523			1,530	705	32.6%	60.0%	230	300					423	
4	1,585	10		985	600	10		1,108	477	62.9%		300	300						
5	1,555	200		702	853	200		1,066	489	51.5%		252	92						100
6	1,536			436	1,100			1,108	428	39.7%	11.4%	170	141					49	45
7	1,364	165	30	254	1,110	90	75	918	446	74.2%	13.7%	331	160					61	60
8	1,333	100	32	733	600	40	60	920	413	9.0%		37	37						
9	1,238	10	6	498	740	10		897	341	61.9%	17.6%	211	211					60	65
10	1,101	5		431	670	5		846	255	49.0%	51.0%	95		30	30			130	150
11	1,099			459	640			755	344	49.4%	16.3%	30	30			140	140	56	56
12	1,005	40		495	510	40		686	319	22.9%	22.9%	73	60					73	60
13	921	20	15	451	470	20		635	286	45.5%	30.4%	130	130					87	85
14	847	26		125	722	0	26	565	282	41.5%	47.2%	117	64					133	133
15	819	23		249	570	10	13	567	252	84.5%	15.5%	213	152					39	60
16	690			574	116			476	214	86.0%		144	144	40					
17	673			642	31			505	168	70.2%	29.8%	118						50	58
18	658	25		658		25		480	178	31.5%	33.1%	56	558					59	45
19	635	20		410	225	20		472	163	63.8%	17.8%	104	104					29	39
20	626	5		626		5		450	176	75.0%	16.5%	103	103	29	24			29	29
21	622	150		320	302	90	60	428	194	55.2%	24.2%	107	97					47	47
22	591	130		505	86		130	439	152	32.9%		50							
23	579	150	10	113	466	140	10	397	182	80.2%	5.5%	146	146					10	10
24	484			392	92			358	126	24.6%	75.4%	31	29					95	97
平均	1,183	52	6	552	632	34	19	825	358	52.0%	23.6%	145	133	15	13	25	21	85	76

資料：聞き取り調査により著者作成。

（3）共同開発米の取り組み

「共同開発米」の取り組みの効果（表4）としては「価格が安定している」、「販路が確保できた」、「消費者のニーズを知ることができた」が主要な回答でした(5)。「共同開発米」は生産者原価保証方式を理念の1つとしており、取引価格は生産者側の平均生産費の提示を元に両者の協議で原則は種前に決めます。一般的な米の価格が変動しているため、原価保証といいながらも市場の変動を完全に無視することはできませんが、価格はあくまでも生産者の組織である共同開発米部会と消費者の組織である生活クラブ生協消費委員会の協議で決めるため、少なくとも1年間は固定されます。その上、先にも示したとおり遊佐町で生産される主食用米の3分の2が生活クラブ生協向けになっているため、遊佐町で生産される米は価格が安定し、販路が確保されています。また、「消費者と交流できた」という回答が比較的多いように、提携では生産者が消費地に出向いたり、消費者が生産地に出向いたりする交流が頻繁に行われており、消費者のニーズを知ることもできているものと思われます。さらに、「共同開発米」の栽培は低農薬・低化学肥料を最低基準として厳しい環境基準をクリアすることが求められており、このことが「環境に優しいという満足感」を生んでいます。

表4　共同開発米の取り組み効果

消費者のニーズを知ることができた	15
環境にやさしいという満足感	12
消費者と交流できた	11
生協運動に参加できた	4
災害時に補償があった	4
価格が安定している	16
地力の維持回復	5
販路が確保できた	16

資料：聞き取り調査により著者作成。

「共同開発米」の継続上の課題（表5）と環境保全型栽培への評価（表6）をみると、どの項目も過半数（12以上）を超えるものはありません。どのようなものでも若干の不平・不満はあると考えると、厳しい栽培基準であるにもかかわらず、課題

表５　共同開発米の継続上の課題

病虫害が起こりやすい	8
品種がよくない	2
労力がかかりすぎる	10
除草等の労力がかかる	11
価格が安い	5
収量が安定しない	10
有機、減農薬等の要求が厳しい	6
その他	1

資料：聞き取り調査により著者作成。

表６　環境保全型栽培への評価

積極的に取り組みたい	6
現段階では難しい	8
栽培技術が不十分	5
農協等の支援体制が不十分	2
見合う価格が欲しい	10
その他	2

資料：聞き取り調査により著者作成。

表７　共同開発米継続意思

作付けを拡大する	4
現状維持	11
価格次第	2
生協の要求次第	2
分からない	4

資料：聞き取り調査により著者作成。

表８　飼料用米プロジェクトの評価

よい	12
ややよい	7
どちらでもない	2
分からない	3

資料：聞き取り調査により著者作成。

や困難さはそれほど大きなものではありません。調査対象者が地域の担い手であり、彼らは長らく「共同開発米」に取り組んでいることで、課題を克服してきたのだろうと考えられます。

その結果、「共同開発米」の継続意思（**表7**）は非常に強くなっています。「作付けを縮小する」という否定的な選択肢の選択はなく、「作付けを拡大する」4、「現状維持」11と3分の2が現状維持以上となっています。

（4）飼料用米への取り組み

飼料用米プロジェクトの評価（**表8**）は「余りよくない」という回答はなく、多くの回答者はよいとしています。スタートした2004年以降しばらくは地域の自主的取り組みとして条件付きで認められたもので、主食用米に一粒たりとも混ざらないように、生産者は言うに及ばず関係者も細心の注意を払っていました。全国的にはげしく変動する中、遊佐町の取り組みの姿勢は一貫しており、当初計画通り転作の主要作物の1つであり、他作物との関係から長

表９　飼料用米栽培を始めた動機

共同開発米部会員だから	1
助成金などで収入増が見込まれるから	9
コメを植えたいから	7
連作障害（大豆）を避けることができるから	12
飼料用米プロジェクトに賛同したから	7
生活クラブ生協の運動に共鳴したから	3
転作物として最適だから	12
食料自給率を向上させることができるから	6
水田を保全するため	14
戸別所得補償制度が実施されたから	2
その他	1

資料：聞き取り調査により著者作成。

表 10　飼料用米の部門確立に向けた取り組み

多収のための取り組みを行っている	13
低コスト化へ取り組んでいる	11
特別な取り組みは行っていない	8
手間を省かずに主食用米同様の栽培体系を採る	4

資料：聞き取り調査により著者作成。

表 11　飼料用米生産費の主食用米削減率

変わらない	10
1割	4
2割	7
3割	2
4割	1

資料：聞き取り調査により著者作成。

表 12　飼料用米栽培の今後の意向

作付けを増やす	6
条件次第で増やす	7
現状維持	8
分からない	3

資料：聞き取り調査により著者作成。

期の連作を認めておらず、品種統一、共同乾燥施設利用とともに、生産者にとっては窮屈な自主規制を行っています。この自主規制があるにもかかわらず、生産者は取り組みをよしとしています。

栽培開始の動機（**表９**）は「飼料用米プロジェクトに賛同したから」、「食料自給率を向上させることができるから」、「生活クラブの運動に共鳴したから」という理念的回答もあり、「助成金などで収入増が見込まれるから」、「戸別所得補償制度が実施されたから」という政策対応型の回答もありますが、「水田を保全するため」、「連作障害（大豆）を避けることができるため」、「転作作物として最適だから」という農業経営上、土地利用上の問題解決手段として位置づける回答が多くなっています。そのために取り組んでいる（**表10**）のは「多収のための取り組みを行っている」が「低コスト化へ取り組んでいる」を上回り、生産費も主食用米のそれ（**表11**）に比べて1、2割減と「変わらない」が拮抗しており、2014年から始まった数量払いへ

表 13　飼料用米栽培上の問題点

多収技術が確立していない	5
収入が低い	11
種籾の確保	1
多収量米の品種開発	7
コストの削減方法	7
こめ育ち豚の販売戦略	1
消費者の意向が分からない	3
政策の行方	12
その他	3

資料：聞き取り調査により著者作成。

表 14　助成金単価の評価

十分	12
不十分	7
分からない	5

資料：聞き取り調査により著者作成。

の対応が見られます。

飼料用米生産拡大が官民挙げて推進されている現在、栽培の今後の意向（表12）はさすがに「作付けを減少させる」という回答はありませんでしたが、諸手を挙げて「作付けを増やす」という回答もそれほど多くなく、「現状維持」、「条件次第で増やす」という比較的落ち着いた意向になっています。

しかしながら問題はないわけではなく、栽培上の問題点（表13）は収入の過半が助成金であることから「政策の行方」としており、また「収入が低い」としています(6)。助成金の単価（表14）も「不十分」とする回答は多くなく、現在の助成金を評価していると考えます。

(5) 今後の経営規模

今後の経営規模（表15）については縮小とする経営体は1つのみですが、拡大が11経営体もあります。米価の低迷、不安定な政策の方向によって、他の多くの調査で現状維持が多数を占める報告がなされていますが、大規模経営であり、中核農家である調査対象は積極的な意向を持っています。政策の影響は他の地域と同様でしょうが、生活クラブ生協との提携が長期にわたっており、その間の変わらぬ理念が中核農家の

表 15　経営規模の変更意向

拡大	11
現状維持	9
縮小	1
やめる	0
分からない	3

資料：聞き取り調査により著者作成。

表 16　経営規模拡大の理由

飼料用米も含め、水稲作の規模拡大条件が整った	4
転作作物の作付拡大	1
生産物の販売量拡大のため	2
本人の兼業先退職（定年）	1
後継者の就農	5
その他	3

資料：聞き取り調査により著者作成。

表 17　経営規模拡大の方法

水田売買	3
水田借入	5
水田受託	6

資料：聞き取り調査により著者作成。

表 18　経営規模を拡大しない理由

後継者がいない	6
高齢化	4
労働力に余裕がない	11
農政が不安定	10
農地の価格・小作料が高い	4
販売価格が不安定	7
地域としての方向性がみえない	1

資料：聞き取り調査により著者作成。

意欲を高めていると思われます。拡大の理由（**表16**）は「後継者の就農」、「飼料用米も含め、水稲作の規模拡大条件が整った」です。特に地域で飼料用米に取り組んだことが規模拡大の可能性を高めたようです。しかし、拡大の方法（**表17**）は「受託」や「借入」が主であり、思い切った「売買」は少数です。

一方、「拡大」と回答していない経営の理由（**表18**）は「労働力に余裕がない」、「農政が不安定」が主なものです。「後継者がいない」という回答も多く、家族構成が経営展開の消極的な理由の主要な1つといえます。また、「農政が不安定」に加え「販売価格が不安定」も多く、経営環境の不安定さも消極的な理由の1つのようです。

(6) 地域農業の方向性

農地流動化の評価（**表19**）はほとんどの経営体が「進めるべきだ」とし、範囲（**表20**）は「隣集落など数集落」としています。遊佐町は6つの昭和旧村からなりますが、農業の組織的取り組みはこ

表 19　農地流動化の評価

進めるべき	18
進めるべきでない	1
分からない	5

資料：聞き取り調査により著者作成。

表 20　農地流動化の範囲

集落内	5
隣集落など数集落	11
JA 支所単位	1
町全体	4
その他	2

資料：聞き取り調査により著者作成。

表 21　集落営農組織に期待する機能

農業経営の統合	5
転作部門の統合	2
水路・農道の保全の取組	5
農地利用調整の役割	3
各種交付金等の施策対応機能（交付金の受け皿と分配）	7
その他	5

資料：聞き取り調査により著者作成。

れまで4つの地区に区分して進めてきました。これを踏襲し、2005年に品目横断的経営安定対策（現経営所得安定対策）の対応として4つの集落営農組織を立ち上げました。自治組織として集落は機能していますが、このような経緯から農業では必ずしも集落優先ではないようです。さらに1集落当たりの耕地面積は平均的に50haを下回ることから、これまで集落単位で活動していたとしても、調査対象の規模からみて今後は集落では狭いということになるのではないでしょうか。

一方、集落営農組織に期待する機能（**表21**）は「各種交付金等の施策対応機能（交付金の受け皿と分配）」、「水路・農道の保全の取組」という現在持っている機能と「農業経営の統合」とばらついています。先に記したように現在の集落営農組織は政策に対応するために組織され、その後地域政策として作られた農地・水環境保全向上対策（現多面的機能支払交付金）もこの組織と同じ範囲で対応しているため、前2項目の回答が多くなったものと考えられます。しかし、組織化されて一定程度時間が経過し、その後の環境変化も影響し、「農業経営の統合」という最も高度な取り組みも期待されるようになったと考えられます。

表22　遊佐町農業の方向性

生活クラブ生協との連携を強め、共同開発米・飼料用米の強化	14
生活クラブ生協との連携は強まりすぎているので、ほどほどにし、現状維持	3
米を主として、さらなる販売の強化	12
米以外作物を強化し、ブランド化を図る	5
農業関連部門（6次産業化、グリーンツーリズムなど）を強化する	8
分からない	3
その他	3

資料：聞き取り調査により著者作成。

最後に、地域の農業の方向性（**表22**）は「生活クラブ生協との連携を強め、共同開発米・飼料用米の強化」と「米を主として、さらなる販売の強化」という現在の取り組みの延長線上を望んでいます。そしてさらなる展開として「農業関連部門（6次産業化、グリーンツーリズムなど）を強化する」と考えています。

（7）まとめ

2014年産米の概算払いの急落が話題となり始め、他方次年度以降の助成金がまだ確定しない状況の中での8月下旬の調査であり、水田作経営にとってはきわめて心穏やかでない状況だったはずです。しかし、結果は栽培作物の構成があまり変化なく、主要な取り組みである「共同開発米」の満足度が高く、飼料用米への取り組みも評価は高いものの対応に冷静さがあり、飼料用米はしっかり根付いているといえます。さらに、経営規模拡大にも積極姿勢がみえ、農地流動化にも積極的で、地域農業の方向は現状肯定的になっており、一言でいえば安定感と将来への希望がうかがえる調査結果となりました。その背景としては40年以上にわたる生活クラブ生協との提携があり、その提携の中で多くの生産者が直接消費者の意向を把握し、自分たちの生産している農産物がどのように消費されるかを実感できているためと考えます。

しかし、環境はそれを脅かしかねない状況であることは間違いありません。毎年8万トンずつ減少するといわれる米の消費は人口が減少し続け、1人当たり消費量も低下が止まらないところから、回復は全く望めません。さらに、遊佐町ではほぼ確立された感のある飼料用米も官民挙げての増産運動によって主食用米と全く同じく生産された米を区分する方式での生産が大勢を占めており、米消費の減少傾向の中でも2012年、13年のような主食用米での需給緊張が起こることがあり得ます。そうすれば、様相が一変しかねません。

担い手経営体が健全な意向を持っている今こそ、基盤である産消提携を基礎としつつ、将来を見据えた地域農業像を描く必要があります。そして関係者の合意の元、生産者、関係者が協調し合いながらそれに向かうことが求められるでしょう。

注

（1）岩手県については熊谷宏・大谷忠編著『飼料米の生産と豚肉質の向上―飼料自給率の改善と資源循環型地域の構築に向けて【産官学連携実際研究の記録】』農林統計出版、2009年、山形県の事例については小沢亙・吉田宣夫編『飼料用米の栽培・利用～山形県庄内の取り組み～』創森社、2009年に詳しく紹介されています。

（2）米の産消提携については拙稿「生活クラブ生協の環境保全型農業への取組み」『農業と経済』72（1）、2006年、45～49頁で紹介しています。また、辻村英之著『農業を買い支える仕組み　フェア・トレードと産消提携』太田出版、2013年の第2部ではフェア・トレードの観点で評価しています。

（3）関係者で作成された『飼料用米プロジェクト　当初計画に対する総括』のはじめにに記された理念です。

（4）WCSはホールクロップサイレージ（稲発酵粗飼料）のこと。稲の実と茎葉を同時に収穫し発酵させた牛の飼料です。

（5）調査対象を区分して特徴を見ようと考え、経営耕地面積による2つの区分、米による転作の割合による2つの区分で分析を試みましたが、ほとんど差はありませんでした。

（6）**表2**にあるように数量払いに対応して2014年産は1割ほどの収量の向上が見られ、取り組んでいるのが専用品種であることも含めれば、2014年産の飼料用米の収入は決して低いものではなかったようです。

3 津軽平野部における飼料用米生産と利用
―地域に立地する養豚経営と契約水田農家―

(1) はじめに

青森県は、東北地域のなかでも飼料用米生産の面積・出荷量がここ数年で急激に変化している事が知られています。特に政策による交付金体系の変化が、耕種農家の飼料用米への対応を左右している状況にあります。しかしながら青森県津軽平野部では、水田単作の農業構造を歴史的に形成してきた経緯もあり、畜産業者の立地に乏しい状況があります。ただ実際には、地域に立地する畜産経営と水田農家との相対契約を通じた飼料用米の供給と利用が図られており、これら取り組みが支えとなり津軽平野部の飼料用米生産が進められている状況にあります。

そこで本節では以下の点を整理していきます。第1に、地域における飼料用米生産利用の概要を示していきます。その上で第2に、アンケート調査から水田作農家の政策変化の受け止め方について実態をみていきます。第3に、畜産経営と相対契約をしている水田作農家の土地利用や対応の実態より、今般の飼料用米に関わる制度変化が地域に及ぼす影響を分析します。

（2）飼料用米生産に関わる地域内の動き

①T市における水田利用の動き

今回調査対象としたのは、津軽平野部に位置する青森県T市の水田作農家です。T市が位置する津軽西北部は、稲作に支えられて地域農業が展開した[1]地域です。そのため、米をめぐる経済的・政策的環境の変化は、直接的に水田作農家の再生産基盤にも影響を及ぼしています。特に今般の飼料用米に関わる手厚い助成の存在は、水田作農家の土地利用にも影響を及ぼしています。

また、T市をはじめとする津軽西北部の基幹品種であるまっしぐらの概算金水準は10500円（2013年）から7900円（2014年）と、実に3割近く下落しています。このことも、2015年の飼料用米の全国的な拡大下において、飼料用米の生産へ移行する要因ともなっています。

表23　飼料用米作付面積の推移　（単位：ha）

	全国	青森県	T市
2011	33,758	3,494	859.7
2012	34,316	2,900	592.4
2013	21,754	1,699	395.7
2014	33,885	2,810	567.4

資料：T市提供資料より作成。

青森県内の飼料用米作付面積は**表23**のとおりです。2011年の3494haから1699ha（2013年）まで一時減少するものの、一転して2014年には2810haと大幅に増加し、2015年度についても増加が見込まれています。同様にT市においても同様のトレンドを示しており、2014年は567haと県全体のおよそ2割を占めています。

T市の転作率は44・3％（2014年）ですが、基準単収が630kg／10aと高い地域です。ただしこの収量水準は地域差もあるため、飼料用米の交付金が数量払いへ変更されたことは、基準収量と兼ね合いで農家の対応が変わってくるものと考えられます。

さらに、飼料用米の作付面積の変化は全国的な趨勢と遜色ありませんが、地域における飼料用米の作付けを左右する要因として、非主食用米に対する生産振興の影響があります。**表24**にはT市の水田利活用交付金の単価表を示しました。飼料用米に対する手厚い助成水準は無論のこと、加工用米や備蓄用米についても集荷団体を通じた振興が図られているため、多少の制度変更が飼料用米と加工・備蓄用米との間で、単年での作付け変更・交替が図られる状況になっています。

表24　水田利活用交付金の単価（T市）

対象作物	戦略作物助成（国）	産地交付金	計
麦・大豆	35,000	13,000	48,000
飼料作物	35,000	13,000	48,000
飼料用米（主食用品種）	収量に応じて 55,000～105,000	10,000	65,000～115,000
飼料用米（専用品種）		12,000	67,000～117,000
WCS用稲	80,000		80,000
加工用米	20,000	7,500	27,500
加工用米（3年間契約）	上表に12,000加算		39,500
景観形成・地力増進作物		8,000	8,000
その他野菜等の作物		15,000	15,000
備蓄米		7,500	7,500
そば・なたね（基幹作）		20,000	20,000
そば・なたね（二毛作）		15,000	15,000

資料：表23に同じ。

②飼料用米の流通チャネル

農林水産省が行った飼料用米推進キャラバン（2015年4月9日、青森県）においても、飼料用米推進の課題が整理されています。他県でも同じような指摘はみられますが、主食用米との区分管理やその保管体制の整備が必要としつつも、制度支援の継続性が不透明ななかでの投資に及び腰にならざるを得ない地域の実情があります。それゆえ米集荷団体等は、これまで飼料用米への取り組みには消極的だったと思われます。その点では、

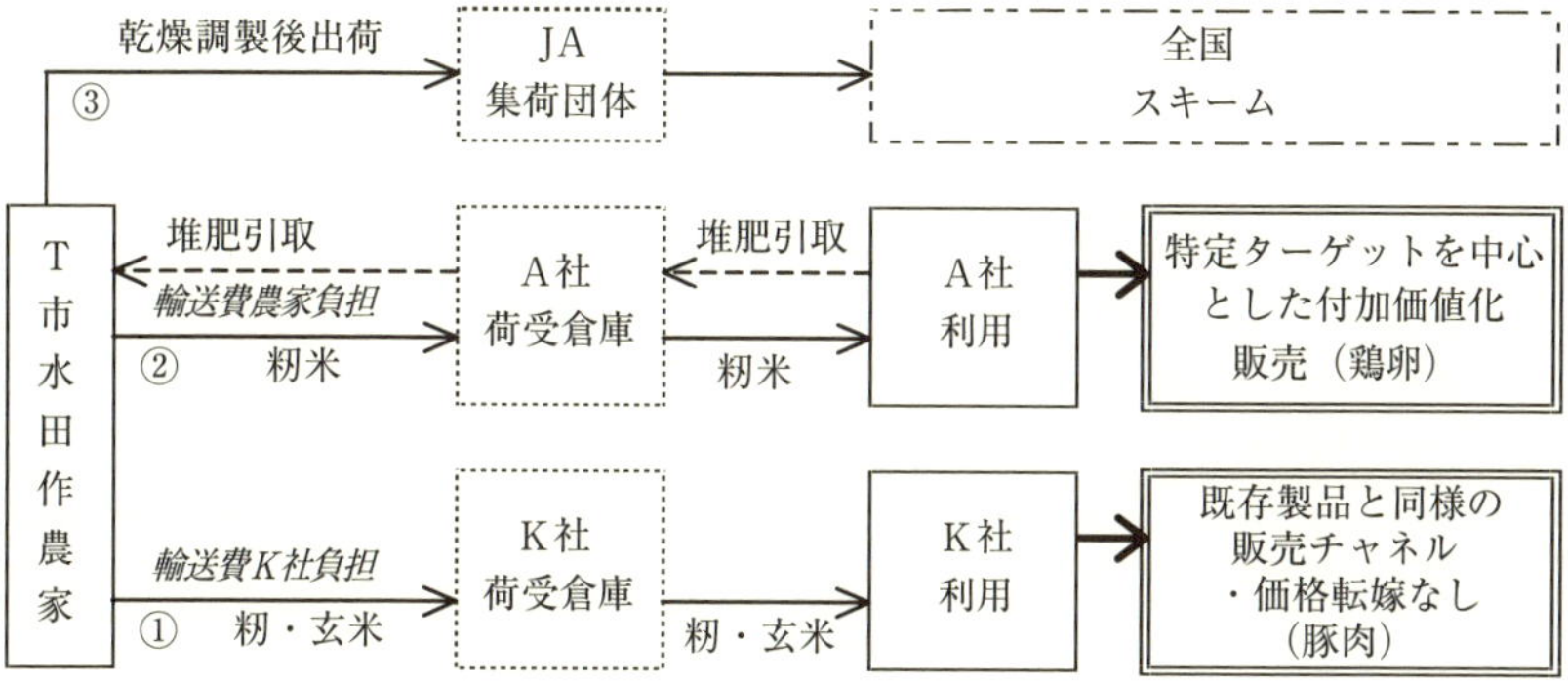

図2　T市水田作農家からみた飼料用米の供給チャネル

先の山形県とは根本的に異なった体制となっています。

図2には、T市の水田作農家からみた飼料用米の流通チャネルを整理しました。おおよそ3つの流れがありますが、大きくは近隣市町村に立地する養鶏（鶏卵）経営A社とT市内に立地する養豚経営K社です。A社は首都圏生協を中心として、早くから飼料用米を利用した鶏卵の付加価値販売を実現している会社です。一方、K社は２０１２年より取り組みを始めていますが、年々取扱量を増やしています。いずれの企業も供給農家と相対契約により飼料用米を調達しているという特徴がありますが、契約の仕組みや特に飼料用米の流通において課題となりやすい、流通機能の所在（コスト負担など）にはそれぞれ違いがあります。

なお、K社の畜種は豚ですが籾米で購入を行っています。これまで豚には籾の給与は適さないとされてきましたが、特に問題ないというK社の判断、一部はリキッドフィーディングに混入して給餌するなどの技術採用により籾米利用を可能としています。そのため、籾米16円／kg、玄米21円／kg（いずれも２０１４年）で供給農家と契約を結んでいます。

このように青森県津軽平野部においては、地域内流通を軸とした耕種

表25　生産調整廃止後の対応方向について

（単位：件、％）

	総計	割合	現状維持	主食用米を増やす	飼料用米・加工用米を増やす	大豆等畑作物の作付を増やす	野菜等集約作物の作付を増やす	畑地転換をする	全て価格次第
1ha未満	86	100	56	13	9	2	3	1	15
1～4ha	370	100	43	15	20	5	3	2	19
4～5ha	101	100	43	11	24	6	7	1	25
5～7ha	92	100	29	15	37	4	2	0	30
7～10ha	71	100	24	20	39	4	4	1	28
10～15ha	85	100	20	13	40	9	5	0	31
15～20ha	46	100	28	17	30	2	0	0	30
20ha以上	51	100	35	14	37	4	2	0	24
総計	929	100	38	15	26	5	3	1	23

資料：アンケート結果（2014年1月）より作成。

側と畜産側の連携により飼料用米の取り組み拡大に結び付いている状況にあります。

（3）アンケートにみるT市水田作農家の飼料用米に対する評価

①経営耕地規模別にみた水田作農家の対応実態

ここで農業センサスの農業経営体の規模別分布を確認しておきます。T市は東北、及び青森県内と比較しても、10ha以上経営が全体の1割、5ha以上も全体2割となっております。反対に1ha未満は2割以下と青森県全体の半分程度の割合に留まっています。このように他地域と比較して抜きんでて経営規模が大きいことが特徴です。特に大規模層は水稲を中心とした土地利用となっており、これら農家群の現状を検討する必要があります。そこで、2014年1月に実施したアンケート(2)より、地域の水田作農家の飼料用米を含めた水田作部門の方向性についてみていきたいと思います。

表25には、2014年に行ったアンケートより規模別に回答の特徴を整理しました。ここでは、生産調整廃止後の土地利用の意向につい

て示しています。

今後の地域農業構造を展望するにあたり、各階層の性格の相違を注視する必要がありますが、アンケートの回答も、10 haを超える大規模層が厚く形成が図られているとみられます。特に、1～4 haがモード層（4割弱）ではありますが、これら階層では現状維持と規模縮小が生じている反面、5 ha以上の各階層では総じて規模拡大が進んでいます。いわば階層分化が広がりつつあるとみられます。

また、大規模層の経営主は50、60歳代が中心であり、農業後継者も比較的確保されている状況にあります。そのため、前述のように規模拡大が進められある程度の到達が図られているなかで、依然として拡大意欲は高いとみられます。

以上の前提において、生産調整廃止後の土地利用としては、5 ha以上の全ての階層において、非主食用米への対応を強化する意向がみられます。これは現行の政策支援が仮に継続された場合には、水稲単作的な土地利用に進むことを示唆していると思われます。ただし、5 ha前後の階層では、規模拡大には消極的である点が見受けられます。与件変化の見通しの悪さが対応を鈍らせている点が示唆されます。

このように、大規模層と中小規模階層では水田利用に対する考え方が大きく異なっています。

②飼料用米への取り組みは大規模層が中心的

図3には、飼料用米の取り組み有無を規模別に整理しました。飼料用米に取り組んでいる農家は大規模層に集

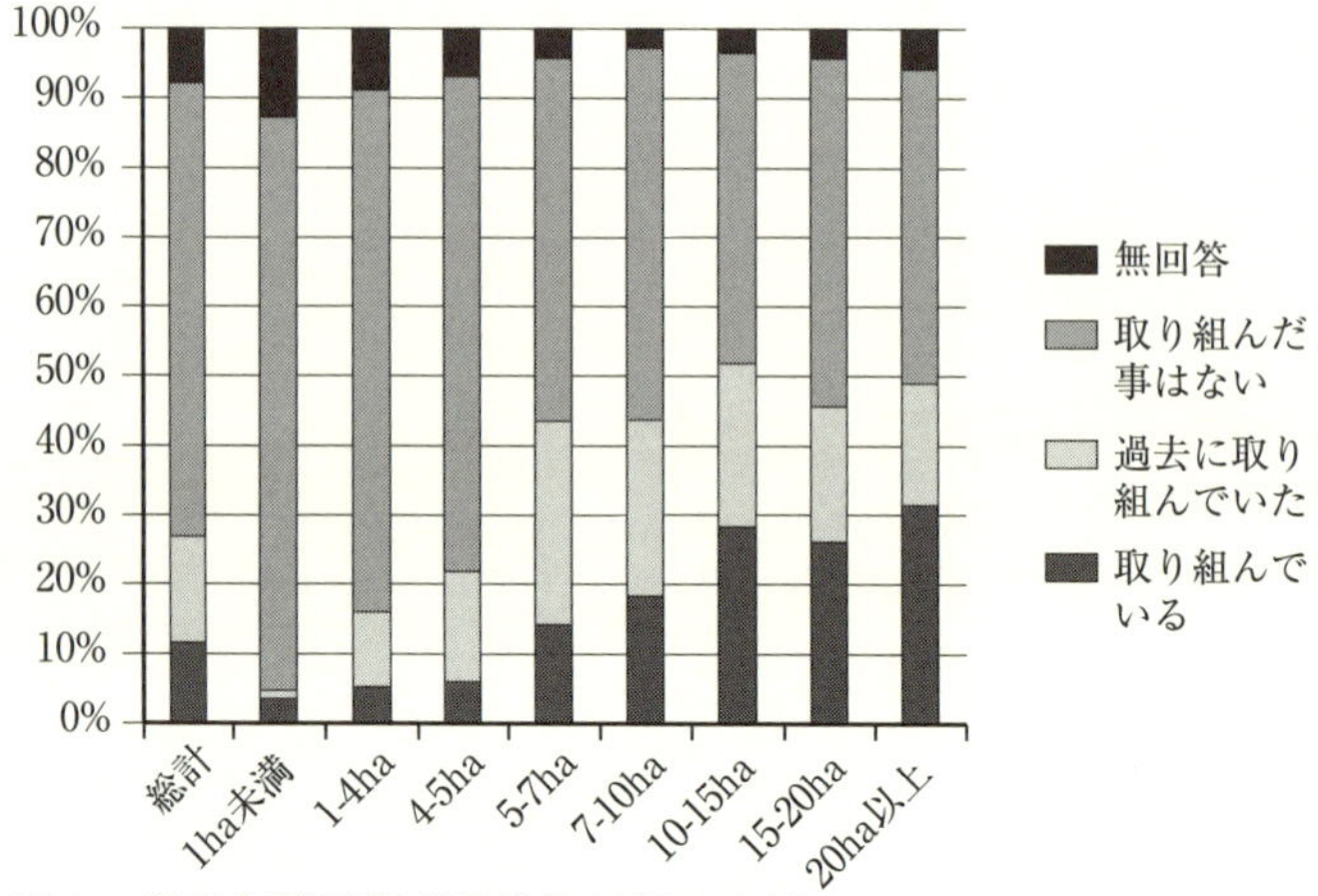

図３　経営規模別飼料用米取り組み実態

資料：アンケート結果（2014年１月）より作成。

中している点が特徴としてみられます。これは、飼料用米の流通形態が地域内流通に限られ、かつ相対契約による流通が多いことが理由であると考えられます。つまり、個別でそれぞれ乾燥調製・保管が出来る生産能力を有する農家が取り組むことができるものといった特徴があると思われます。

そのため、飼料用米に取り組むに当たっての課題として、大規模層は作業体制の見直しや直播体系、コスト削減の実現を課題視しているのに対して、中小規模階層では保管や流通の体制づくりに課題意識が強いなど、求められる生産振興対策も異なります（**表26**）。

このように飼料用米の導入は政策的な後押しもあり進んでいます。しかし、畜産側に立ってみた場合に、地域内流通による調達は政策変化による大規模農家群の行動に大きく左右されることとなります。

表 26　飼料用米に取り組むにあたっての問題・課題意識（複数回答）

（単位：件、％）

		1ha未満	1〜4ha	4〜5ha	5〜7ha	7〜10ha	10〜15ha	15〜20ha	20ha以上	総計
総　計		86	370	101	92	71	85	46	51	929
割　合		100	100	100	100	100	100	100	100	100
政策・支援課題	政策の方向性	35	44	44	52	52	41	46	45	44
	JA や役場の支援体制	20	36	34	41	37	51	43	37	36
	出荷体制の整備	19	35	39	43	49	54	33	39	37
	利用する畜産業者数	12	26	25	32	31	32	26	35	26
	国民の支持	3	6	4	10	8	4	9	4	6
経営上の課題	収量向上技術の確立	21	25	29	29	31	35	26	37	27
	コスト削減	13	31	31	45	42	39	33	35	32
	直播体系の確立	10	17	26	28	23	24	28	37	21
	保管場所の確保	14	27	29	36	46	45	28	45	31
	作業体制の見直し	13	16	16	16	20	16	22	14	16
	団地化	5	11	10	10	7	13	7	8	9

資料：表 25 に同じ。

（4）K社と契約農家の特徴

①調査農家の概要

前述のようにK社は近年、養豚飼料に飼料用米を利用した生産を導入しています。２０１５年の契約農家数は97件ですが、そのなかから12件抽出してヒアリング調査を行いました。**表27**はそれら農家の経営概要を示しました。借入地を合わせて20 haを超える3事例、10 ha台前半の7事例、6 ha台の2事例にわかれます。

転作面積のうち飼料用米を除く作物としては、大豆やネギといった作物で対応しています。また飼料用米は、その多くが専用品種による対応であり、主食用米で取り組んでいるのは1件（A４事例）であり、その理由も専用品種の種籾の確保が出来なかったことを指摘しています。

表28には、飼料用米に関わる技術的対応とその評価について示しました。飼料用米についてはその多くが専用品種による取り組みであるため、主食用米と比較して収穫量が高いことがわかります。また、水

表 27　調査事例農家の概要

	経営主年齢（歳）	労働力（人）	経営面積（ha）				主食用米（ha）			飼料用米（ha）	
			合計	借地	水田	転作面積	品種①	②	③	面積	品種
A1	67	4	35.0	14.0	27.0	13.0	22.0			3	専用①
A2	59	2	24.0	16.5	24.0	5.1	13.0			5.1	専用①
A3	44	4	20.0	5.0	15.0	15.0				13	専用①
A4	51	4	12.8	4.8	12.8	4.6	8.0	0.5		4	主食用
A5	39	3	12.5		11.5	-	8.0		0.1	2.2	専用①
A6	57	1	12.0		12.0	5.0	7.0			5	専用①
A7	60	2	12.0	6.0	12.0	5.0	4.2	2.2	0.6	5	専用①
A8	64	3	12.0		12.0	6.0	6.0			4.5	専用①
A9	67	2	11.0		11.0	5.0	6.0			5	専用②
A10	62	3	10.0		10.0	4.0			5.5	4	専用①
A11	63	2	6.5		6.5	6.5		0.1		5.7	専用①
A12	67	1	6.0		6.0	6.0				2.5	専用①

資料：ヒアリング結果より作成。
注：K社の2015年契約者97件より12件（およそ1割に相当）を抽出して調査を行った。

表 28　調査事例農家の飼料用米部門への技術的対応

	主食用米収量（玄米/kg）			飼料用米（kg/10a）		水田利用の変化		多収への取り組み	低コスト化の取り組み
	品種①	②	③	単収	前年差	主食用米	転作作物		
A1	630			720	±0	減少	減少	なし	農薬回数減
A2	720			780	+30	不変	減少（加工用米）	なし	直播（湛水、鉄コ）
A3				750	—	減少	増加	主食と同様に手間を掛ける	なし
A4	690	600		762	±0	減少	減少（小麦）	なし	疎植（50株）
A5	534			720	±0	減少	不変	多肥、防除	なし
A6	650			720	+120	不変	減少（小麦）	適期追肥、農薬の散布	疎植（50～60株）
A7	660	630	570	750	—	減少	変わらない	多肥	なし
A8	660			780	+120	減少	増加	播種前防除	なし
A9	720			810	—	減少	減少（畑作の中止）	なし	なし
A10			570	750	+270	減少	増加	多肥、防除	稚苗育苗で苗箱節約
A11		600		720	±0	減少	減少	施肥の見直し	安価資材
A12				480	−120	不変	増加（大豆）	施肥の見直し	乾田直播

資料：表 27 に同じ。

田利用は主食用米を減らして対応している事例が多く、もともと小麦等の畑作物が少なかったことから、水張り面積を維持しつつ生産目標数量配分に対応しています。

飼料用米の栽培においては、低コスト栽培の導入が目指されています。しかしながら、調査事例においては、低コスト志向よりも多収志向が強くみられます。特に直播栽培などは課題としながらも、地域では技術的に未確立であるとする指摘も多く、疎植栽培による苗数の節約が現実的な対応となっています。

その一方で、交付金体系が数量払いになったことに伴い、施肥の見直しや多肥型の体系を採ることにより収量の維持・増収を図る動きがみられます。この点についてA3事例は、「主食用米と異なる技術体系を採ることも可能だが、主食用米に戻る道も確保しておきたい」という理由を指摘しています。技術変更を伴わない単なる面的な土地利用上の変化に留まっている点は、飼料用米の取り組みがまだ持続的に展開しうるものではないことを示していると考えられます。

ただ実際には、ここ1～2年で大きく水田利用を変更している事例もみられます。水稲作部門面積の過半から、極端な場合全てを飼料用米に転換した事例もあり、米価下落を予見した大幅な対応変化がみられます。

②取り組みの経緯と評価

現在K社と契約している事例のなかで、もともと別の業者・団体を出荷先としていた事例は6件と、全体の半分にあたります。いずれも理由は様々ですが、基準や流通への対応の便からK社へ切り替えている状況にありま

表 29　調査事例農家のＫ社との契約の経緯

	取組み開始年	Ｋ社との契約に至る経緯
A1	2014～	Ｋ社の出入り業者の紹介で取り組みを開始した。
A2	2013～	以前は加工用米で対応していた。
A3	2013～	水張り全面積を飼料用米に変更する予定である。
A4	2014～	一時中断して2014年より現在の取り組みに至る。以前はJAへ出荷していたが、戸別所得補償で主食用米が得になったため中止。その後、小麦と加工用米で転作は対応していたが、米価が下がることを見越して飼料用米へ転換した。
A5	2010～	もともと主食用米のみの生産だったが、戸別所得補償への加入を機にＡ社への飼料用米出荷を開始、２年後近隣のＫ社へ変更した。
A6	2011～	開始当初はJAへ出荷していた。
A7	2012～	政策に乗らないと経営継続が困難であるため、加工・備蓄も検討したが、飼料用米の方が政策が安定であると判断した。
A8	2011～	開始当初はJAに出荷していたが、籾出荷が出来ることへの魅力からＫ社へ変更した。
A9	2012～	開始当初はJAに出荷していたが、精算単価の低さや地元に供給できる魅力からＫ社を選択した。
A10	2008～	開始当初はＡ社へ出荷していたが、防除への対応の都合よりＫ社へ変更した。
A11	2011～	—
A12	2013～	飼料用米に対する交付金が高いことから取り組みを開始した。

資料：表27に同じ。

す（表29）。

またいずれも交付金の水準や政策に対しては好意的に評価しています。そのため、今後については9件（12件中）が作付けを増加する意向をもっており、大規模水田作農家にとって、水田利用に占める飼料用米の位置づけがさらに高まっていくものとみられます。しかしながら、手放しで評価しているわけではなく、政策の継続性や長期的な見通し立てて欲しいといった指摘もみられます。

（5）まとめ

飼料用米の取り組みについては地域により様々な取り組みがみられますが、最終的には供給側・需要側のマッチングによりはじめて成立する取り組みです。特に水田作を中心に展開した地域では、需要者と供給者の距離的な懸隔も有るため、独自の体制により仕組みがつくられてきたものと考えられます。そのなかで調査地域の水田作農家は、いずれも制度変更のなかで、経営の再生産を維持するために政策に対応していることがわかります。しかしながら同時に課題もみえつつあります。

第1に、技術的な対応の水準です。特に青森県のような低米価水準の地域では、収量の維持が収益性に直結する経営構造になっています。そのため、飼料用米に対する交付金体系が数量払いになった点は、収量性志向の強い農家の動機付けには寄与しているとみられます。しかしながら、そのために採られる技術体系の転換には至っていません。

第2に、政策の見通しです。交付金水準については評価が高いとみられますが、その継続が確認されないことには、対応を図りにくいという事があります。交付金水準の高低もさることながら、政策全体の見通しの悪さが継続性を阻害する要因となっています。

第3に、畜産側の原料調達の不安定性です。地域内流通による飼料用米の生産振興が図られてきたこれら地域では、調達先となる水田農家の判断と交付金等の助成水準により、飼料用米自体の調達量は大きく変動する可能性もあります。K社と契約している事例調査においても、過去に出荷先の変更を行うなど対応がみられました。いずれも地域で耕種農家と畜産農家が連携を深化させる、組織化を図る、といった対応を採っていますが、特に大規模農家群の対応による影響は大きいとみられます。

注

（1）東北水田地帯における今回調査対象とした津軽平野部の構造的特質については河相一成・宇佐美繁編著『講座日本の社会と農業② みちのくからの農業再構成』日本経済評論社、1985年を参照されたい。

（2）アンケートはT市広報の配布を通じて2014年1月に実施した。送付件数34800通（水田農家）に対して回答件数は929通（回答率：26・7％）であった。なお、回答の37％が5ha以上であるため、全体的に大規模層の意向を反映したデータである点は注意が必要である。

4　北関東米麦作地帯の農業構造と営農組織の現状
―埼玉県熊谷市・群馬県伊勢崎市の集落営農組織の実態から―

(1) はじめに

本章では、米麦二毛作地帯である埼玉県熊谷市（埼玉県北部（利根川の南岸）・人口20万3180人（2010年国勢調査））と、群馬県伊勢崎市（群馬県南部（利根川の北岸）・人口20万7221人）における、麦作等の転作部門の集団的対応を行う集落営農組織(1)の現状と展望について検証します。

2006年以降、両市では品目横断的経営安定対策への対応を目的に集落営農組織（以下、集落営農）が設立されました。設立数は熊谷市27組織、伊勢崎市15組織であり、伊勢崎市では法人化も進み11組織が法人となりました。

現在、国は全農用地の8割を担い手が利用する農業構造を目標としており、これら集落営農もその担い手として位置づけられています。米麦作地帯において設立された集落営農の農業経営体としての内実、また組織としてどのような発展を考えているか検討していくことは、我が国の水田農業の担い手のあり方を考える上で重要です。

そこで、本章では熊谷市の任意組織の集落営農に対するアンケート調査から、伊勢崎市では、法人化した集落営農にヒアリング調査を行い、集落営農の農業経営の実態と今後の組織の経営の展開方向について分析します。そして、米麦作地帯において形成された、集落営農の現状と農業経営体としての展望について明らかにします。

（2） 農業構造の把握―農林業センサスからみる米麦作地帯―

熊谷市と伊勢崎市は、利根川流域の平坦地域の米麦作地帯ですが、農業構造に相違点が見られます。経営組織別に農業経営体を見ると、熊谷市は①稲作65・1％、②露地野菜22・2％ですが、伊勢崎市は①露地野菜34・4％、②施設野菜27・4％、③稲作18・4％です。専・兼業別では、熊谷市は専業29・2％、第1種兼業12・0％、第2種兼業58・7％であり、伊勢崎市は専業44・3％、第1種兼業20・3％、第2種兼業35・4％です。2010年の販売農家戸数の状況を見ると、熊谷市2984戸、伊勢崎市2219戸です。2005年の販売農家戸数と比較すると、熊谷市は24・5％、伊勢崎市は19・2％の減少です。65歳以上の基幹的従事者の割合（高齢化率）は、熊谷市72・7％、伊勢崎市57・0％です。

水田構造はどうでしょうか。2010年の熊谷市の農業経営体の経営水田（以下、水田）面積は3329ha、伊勢崎市は1628haです。両市は2005年から水田面積はほぼ変化していないのですが、組織経営体の水田面積は大きく増加しました。熊谷市の組織経営体の水田面積は、85ha（2005年）から623ha（2010年）となり、伊勢崎市は7ha（2005年）から239ha（2010年）となりました。これは、販売農家の水田面積の減少分を組織経営体が吸収したと言えます。また、組織経営体の水田の借地率を見ると、熊谷市89・6％、伊勢崎市90・0％であり、組織経営体への水田の移動は借地によると言えます。

さらに、経営規模階層別に見ると、5ha以上層の経営耕地シェアは、熊谷市30・5％、伊勢崎市30・4％ですが、熊谷市は20ha以上層が13・0％、伊勢崎市は5～20ha層が26・1％を占めます。加えて、5ha以上層における組織経営体の経営耕地面積のシェアは、熊谷市54・1％、伊勢崎市28・9％となります。

以上から、両市の農業構造は、担い手面では、熊谷市は水稲作が多く兼業深化が進んでおり、伊勢崎市は露地・施設野菜が多く専業の比率が高くなっています。農家戸数や高齢化率では、熊谷市の方が伊勢崎市に比べて農家戸数の減少と高齢化率が高くなっています。水田構造では、共に借地による組織経営体への水田流動化は進展していますが、熊谷市の方が大規模な組織経営体への農地集積が進展していることがわかります。

（3）熊谷市の米麦作の担い手の状況

熊谷市の集落営農の状況について、JAくまがやへのヒアリング調査と集落営農へのアンケート調査（2015年1月実施：市内の全ての集落営農（26組織）に配布）から見ていきます。熊谷市では、品目横断的経営安定対策を契機に、主に麦作を担う集落営農が設立されました。

表30はJAくまがや管内における集落営農26組織を、旧市区町村別に整理したものです。熊谷市では2つの市区町村を除いて、集落営農が設立されています。JAくまがやによると、営農内容は麦作のみが大半であり、大豆作に取り組むのは4組織です。構成員数の合計は2740人であり、また、麦作付面積の合計は1185・2

表 30　JA くまがや管内の農業経営体の状況（2014 年）

単位：ha

旧市区町村	集落カード		営農組織				
	水田面積	集落数	組織 No	組織数	構成員（人）	作付（麦）	作付（大豆）
熊谷市	653	58	1、7、5	3	367	116.2	
三尻村	152	8	4	1	195	71.1	2.8
別府村	340	5	6	1	291	117.2	
大井村 3-2	36	1					
吉岡村	163	6	8	1	146	50.6	
奈良村	333	19	9、10、11、12、13、14	6	192	167.3	3.0
中条村	416	14	18、19	2	147	121.0	
星宮村 2-2	193	2	20	1	138	47.3	
市田村	263	13	16	1	203	61.9	
吉見村	293	7	15	1	19	53.1	
妻沼村	96	14	26	1	39	24.7	
男沼村	33	7					
大田村	305	15	17	1	64	35.8	
長井村	248	10	21、22、23、24	4	186	92.6	
秦村	167	7	25	1	155	46.0	
御正村	264	8	2	1	406	135.9	35.0
小原村	127	8	3	1	192	44.6	6.5
合計	4,082	202		26	2,740	1,185.2	47.3

資料：2005 年農林業センサス集落カードと JA くまがや提供資料・集落営農アンケート調査より作成。

ha、大豆作付面積の合計は47・3haです。

今回のアンケートに回答した集落営農は16組織（回収率61・5％）です。設立年は２００６年が９組織、２００７年が５組織であり、２００６年６月～２００７年１月にかけての設立です。

農業経営の内容は、麦・大豆の全面受託であり、殆どが麦作のみです。その規模は、「20ha未満」が１組織、「20～40ha」が６組織、「40～60ha」が４組織、「60～80ha」が３組織、「80ha以上」が１組織です。最も大きい面積は１３５・９ha、最小面積は11・５ha、平均面積は49・２haです。大豆の全面受託を行うのは４組織（２・８ha、３・０ha、６・５ha、35・０ha）です。また、部分受託では、麦の刈取作業を受託しているのが１組織（４・５ha）です。

「収益配分の方法」について見ると、「構成員の所有する農地面積に応じた支払い」が12組織、「農作業の出役に応じて配分」が2組織、「その他」が1組織です。「その他」の1組織は受託作業の出役に対する従事分量と農地面積に応じた支払いです。また、全組織の収益配分の事務作業を行うJAくまがやによると、基本的に各組織の収益配分の方法は、各組合員の麦・大豆の出荷数量と、各種作業を担当する作付面積に基づいて配分しているとしています。そのため、熊谷市における集落営農の収益配分は、基本的に組織内の各構成員が担当する作付面積と農産物の出荷数量に基づいて行われていると言えます。「剰余金が発生した際の処理方法」では、「構成員に配分」が10組織、「その他（利用高配分）」が1組織であり、各年度の収益は全て構成員に配分していることが分かります。

「農業機械の保有状況」を見ると、機械を保有している集落営農は4組織であり、トラクターの保有が1組織、水稲コンバインが3組織となっています（各組織1台保有）。農業機械を保有している4組織の機械更新の方針を見ると、「更新時に構成員から資金を集める」が2組織「借入金で対応する」が1組織となっています。「保有していない農業機械の作業対応の方法」を見ると、「構成員の機械を持ち寄って対応（借入料金なし）」が9組織、「農家ごとに対応」が4組織、「機械作業は構成員に再委託」が1組織です。

「今後の集落営農の営農方針」は、「現状維持」が8組織、「水稲の作業受託の開始」が1組織、「不明」が7組織です。次いで、「集落営農の組織をどのようにするか」については、「任意組合から法人組織にする」が11組織、「近隣の集落営農と合併する」が3組織となっています。また、法人化の形態では「農事組合法人」が10組織となっています。さらに、「今後の収益配分の方法」では「現状と同じまま」が13組織です。

「今後の農作業の体制」に対しては、「特定の構成員が専従者として農作業を行う」が８組織、「構成員全員が出役する」が６組織、「地域内の担い手へ委託」１組織となっています。「想定する専従者となる特定の構成員はどのような人か」については、８組織全てが「定年帰農者（60〜70歳未満）」としています。その人数は「５〜10人」が５組織、「10〜15人」が１組織、「20人以上」が２組織としています。加えて、「専従者への賃金水準」として、「具体的な金額は決められないが、現在の出役より高い水準」が７組織となっています。

（４）伊勢崎市の米麦作の担い手の状況

伊勢崎市の米麦作の担い手の状況について、ＪＡ佐波伊勢崎と伊勢崎市、また、地域で組織的に米麦作を行う２つの農事組合法人へのヒアリング調査から見ていきます[2]。

伊勢崎市によると、伊勢崎市における水田は概ね基盤整備が実施済（30ａ区画（一部10ａ））であり、地代は１・１〜１・２万円（約１俵）です。

ＪＡ佐波伊勢崎によると、伊勢崎市内には15の集落営農があり、そのうち11組織が法人化しています。集落営農は、品目横断的経営安定対策を契機にＪＡ佐波伊勢崎が任意組織の立ち上げを推進し、その後、県・ＪＡ佐波伊勢崎で任意組織の法人化を進めてきました。現在法人化していない４組織も、法人化の準備を行っています。

また、集落営農は米麦の乾燥調製機利用組合を基に設立しており、必ずしも集落単位ではありません。しかし、その範囲は、字・町の範囲内であり、市区町村を超えて農地の集積は行っていません。伊勢崎市内の集落営農の

表 31　伊勢崎市における集落営農法人の状況と水田シェア（2014 年 5 月現在）

旧市区町村	田面積 (ha)	集落数	営農組織 組織 No	組織数	水田面積 (ha)	水田面積 シェア	構成員（人） 農提者	構成員（人） 従事者	構成員（人） 役員
伊勢崎市	154	31	B-1	1	59.7	38.7	2	4	4
三郷村	172	19	A-7	1	39.0	22.7	15	27	6
宮郷村	205	9	A-1、B-3、A-8	3	151.3	73.8	41	54	18
名和村	291	11	A-2、A-3、A-5、A-6	4	282.0	96.9	63	91	28
豊受村	121	11	B-2	1	33.7	27.8	13	15	4
赤堀街	306	22							
東村	271	18	A-4	1	55.2	20.4	50	69	9
境町	2	1							
采女村	281	12							
剛志村	39	5							
島村	17	5							
世良田村 2-1	64	8							
合計	1,923	152			620.9	32.3	184	260	

資料：2005 年農林業センサス集落カードと伊勢崎市農業委員会提供資料より作成

市区町村別の設立状況を見ると、15集落営農のうち12組織、11法人のうち10法人は旧伊勢崎市内にあります。以下、法人化した集落営農について見ていきます。

集落営農の経営水田面積は620・9haであり、伊勢崎市内の水田シェアは32・3%です。これを合併前の旧伊勢崎市に範囲を狭めると集落営農の水田シェアは60・0%になります。

表31は、伊勢崎市内の集落営農の経営状況について伊勢崎市農業委員会の資料から整理したものです。法人の事業内容は、米麦のみが8組織（A－1～8）、米麦＋作業受託を行う経営が3組織（B－1～3）です。伊勢崎市農業委員会によると、法人化した集落営農は農地の利用権設定を行っており、期間借地は少ないとしています。集落営農の経営耕地面積を見ると、100ha以上が2組織、50～100haの組織が5組織、30～50haが2組織、20～30haが2組織となっています。売上高は4000万以上が2組織、3～4000万円が2組織、2～3000万円が3組織、1～2000万円が3組織となっています。構成員数を見ると、最も

構成員数が多いのが69名、最も少ないのが4名です。多くの集落営農は10～20名前後の構成員数となっています。また、役員の人数を見ると、4人が3組織、6人が2組織、7人が4組織、8人が1組織、9人が1組織となっています。

以下、2つの集落営農の農業経営について見ていきます。取り上げるのは、(農)三ツ橋（以下、三ツ橋）と（農）田中島（以下、田中島）です。三ツ橋は、1977年に設立された機械共同利用組合から出発した集落営農であり、田中島は品目横断経営安定対策の対応を目的に設立された集落営農です。これら、法人化した集落営農から、集落営農法人の経営の展開方向について見ていきます。

① (農) 三ツ橋の農業経営の展開

三ツ橋は、機械化組合を基に設立された集落営農であり、2006年に任意組織となり、2008年に法人化しました。三ツ橋は機械化組合の段階から米・小麦の一括販売に取り組み、水田農作業の一本化も行ってきました。機械化組合の段階では、構成員が三ツ橋に農作業を委託し、作業料金を支払っていました。この作業料金を蓄積することで、農業機械の更新を行ってきました。また、農業機械の購入では、組織名義ではなく構成員の個人名義で行っていました（補助事業も個人名義でした）。2008年の法人化以後は法人所有となっています。

三ツ橋の農業経営について見ていきます。三ツ橋の構成員は15名で、そのうち理事が4人、オペレーターは6人です。オペレーターのうち認定農業者は3人で施設野菜の専業農家です。経営耕地は34 haであり、作付内容は主食用米15ha、WCS12ha、小麦30haです。その他に、構成員外の稲刈りの作業受託1・3haがあります。農業売上高は1864万円であり、営業外収入は3343万円です。

三ツ橋は、麦作は完全に法人で行い、水稲作は、田植と刈取作業は法人、水管理等の中間管理作業は構成員が行います。この中間管理作業の面積配分は、構成員11人は所有地（4ha）のみを管理し、4人が23haを管理しています。この4人は高齢専業農家であり、三ツ橋の全出役時間（農作業時間）の64・9%を占めます。

主な農業機械・施設の保有状況を見ると、トラクター4台（87〜108ps×3（メインで使用）、予備（法人化以前導入×1））、自脱コンバイン2台（5条×2）、汎用コンバイン1台（1・4m幅）、田植機2台（6条）、ブームスプレアー、乾燥機×2（50石）、籾摺機、色彩選別機、グレーダー、倉庫です。年間の減価償却費は497万円です。

収益配分を見ると、麦は従事分量配当、水稲については構成員の管理面積に応じて収益配分を行っています。労働に対する従事分量配当は年間600万円であり、1時間当たり1100円で計算しています。地代は10a当たり6000円ですが、払っていない農地も多くあります（年間地代費から逆算すると、地代を支払う農地は経営耕地面積の36・5%です）。三ツ橋によると、最も多くの収益配分を受けている構成員で年間300万円（年間賃金100万円+米200万円）と述べています。未処分利益は全額配分しており、剰余金はありません。

今後の経営展開では、集落内の農地の大半を集積しており、加えて、農業用水の制約から、これ以上の規模拡大は難しいとしています。また、組織内の認定農業者も施設園芸の農業者です。そのため、組織内での専従者確保や、特定の構成員に組織内の水田農業を集約していくことは目指していません。

②（農）田中島の農業経営の展開

田中島は、機械化組合を基に設立された集落営農であり、２００６年に任意組織を設立、２０１０年に法人化しました。機械化組合は、ＪＡのライスセンター設置を契機に購入した大型コンバインを用いて麦の刈取作業を受託する組織でした。２００６年の集落営農の設立では、20haを超えるために隣接集落に参加を呼びかけ、４集落の農家が参加する組織に再編しました。

田中島の農業経営について見ていきます。田中島の構成員は21人であり、そのうち専業農家は５人です。専業農家は、露地野菜（ハクサイ・ブロッコリー等）や施設野菜（ニラ）の農家です。経営耕地面積は28・８haであり、作付内容は麦（小麦）が28・８ha、主食用米が14・６haです。農業売上高は２５７７万円（米麦売上１６１６万円＋価格補填収入９６１万円）であり、営業外収入が１６０４万円です。

田中島が水田農業で行うのは、米麦共に刈取作業のみです。その他作業は構成員が各自で行います。保有する農業機械は、コンバイン２台（５条）のみであり、運搬に使用する軽トラックは構成員から借りています（年間の減価償却費は６万円です）。

農産物の販売は法人の名義で行っており、収穫物はＪＡのライスセンターへ全量出荷しています。構成員への収益配分は２９８８万円であり、農作業の従事分量配当として、コンバイン作業に１時間当たり２５００円、軽トラ運搬作業に1500円を支払っており、年間70万円になります。地代は10a当たり6000円であり、期間借地は3000円になります。残りの収益配分は、米は各構成員が管理していた面積の収量実績から、麦は各構成員の管理面積に応じて配分しています。未処分利益は全額配分しており、剰余金はありません。

今後の経営展開では、構成員・理事の高齢化が進展しており（理事の7人の内、39歳が1人、60代3人、70代2人、80代1人）、39歳の理事も水田農業のみで経営を行うのは難しいと考えています。また、現時点では、農地の利用権設定は法人で行っていますが、水田農作業の共同化も進展していません。そのため、田植・播種作業の共同化を進めたいとしています。さらに、田中島が所在する市区町村内の4つの集落営農との合併も考えています。

（5）まとめ―北関東米麦作地帯における集落営農の展開方向―

以上、熊谷市と伊勢崎市における集落営農の農業経営の実態と展開方向について見てきました。共に、麦作の対応を中心に設立されてきた集落営農であり、伊勢崎市では法人化も進んでいます。また、熊谷市の集落営農でも将来的に農事組合法人化を考えている組織も多数見られます。

しかし、両市の集落営農の主な役割は水田農業に対する交付金の受け皿と配分であり、法人化が進んでいる伊勢崎市の集落営農でも一元化された農業経営とは言い難く、営農内容も構成員の水田農業部門の負担軽減が目的となっています、また、法人化した集落営農の枠組みから特定の構成員へ水田農業を集約していく方向にもありません。そのため、北関東の米麦作地帯に形成された集落営農は、その枠組みを活かした水田農業経営の発展ではなく、構成員への交付金配分や水田農業の負担軽減を担う組織に留まる状況にあると言えます。

注

（1）両市では、共に「営農組合」と呼ばれることが多いが、本稿では集落営農としています。
（2）当該地域における1980年代の米麦作の状況と三ツ橋の農業経営については秋山［1］を参照。

参考文献

［1］秋山邦裕『稲麦二毛作経営の構造』農政調査委員会、1985年、34～95頁。

5　水田農業に与える政策の影響―飼料用米と集落営農―

周知のように政策は農業構造を変動させる1つの要因ですが、近年では政策の急速な変化が農業経営―特に土地利用型農業経営―にとっては大きな問題となり、「政策が最大のリスク」という状況が生まれています。生産調整では「米での転作」が本格化し、新しく策定された「食料・農業・農村基本計画」では飼料用米の生産を2013年の11万トンから2025年には110万トンに拡大し、飼料自給率も2013年の26%から2025年には40%に向上させるという目標が掲げられました。これが農業構造に今後どのような変化をもたらすことになるのでしょうか。本書ではこの点に関して東北の最新の状況が報告されています。

旧品目横断的経営安定対策も政策が農業構造に大きな影響を与えたケースです。関東は個別経営が中心の地域だったのですが、この政策を契機に集落営農が急激な勢いで設立されました(1)。本書では関東二毛作水田地帯に焦点が当てられ、埼玉県熊谷市における麦作集団の展開状況と集落営農の法人化が進んでいる群馬県の事例が報告されています。

この現地報告を素材に、水田農業の構造変動に政策が与える影響について考えてみたいと思います。

(1) 飼料用米生産の意義と課題

飼料用米生産は米の生産調整との関係なしに考えることはできません。水田の生産調整面積の拡大により、麦、大豆による転作が限界にきていることが飼料用米生産を後押ししているのです。260万ha近くある水田のうち、主食用米を作付けることのできない面積は既に100万haを超え、その面積は今後も拡大していくことが予想されます。財政制約の問題を別とすれば(2)、この問題に対する1つの解決策が飼料用米生産による転作なのです。10a当たり8万円の交付金が2008年度から支給されたことで飼料用米の作付面積は大きく増加しました。2013年度は備蓄・加工用米への転換で一時的に作付面積は減少したのですが、2014年度は新しく数量払い助成が導入され、10a当たり最大10万5千円の交付金が交付されるようになったことを受けて再び3万ha台を回復しました。

米での転作であれば新たに機械等を購入する必要はなく、それほどの負担感なく取り組むことができる点が生産者にとってメリットです。**表32**に示したようにJA全農の試算によれば、機械施設などの固定費を主食用米生産のオーバーヘッドコストとした場合（パターンⅠ）の10a当たり所得は51468円と主食用米が13000円／60kgで売れた場合よりも高くなります。たとえ機械施設代をコストとして差し引いた場合（パターンⅡ）でも10a当たり所得は23131円となって主食用米が10000円／60kgで売れた場合よりも高くなっています。10a当たり7500円の米の直接支払交付金が近い将来、廃止されてしまえば主食用米を作るよりも飼料用米を生産した方が完全に有利になりますし、米価の下落はそうした状況に拍車をかけることになるでしょう(3)。また、相対的に米価水準が低い地域ほど飼料用米生産の導入が進むことが予想されます。

飼料用米生産は米の生産調整と強い関連をもった水田保全政策としての役割を担っているのです。これが飼料

表 32　主食用米と飼料用米の経営所得試算

（単位：円）

区分	主食用米生産		飼料用米生産	
	高価格	低価格	パターンⅠ	パターンⅡ
［1］収入				
■品代金				
・生産者の販売収入	13,000	10,000	0	0
・販売価格	—	—	1,750	1,750
・流通経費	—	—	1,328	1,328
・生産者清算金	—	—	422	422
・品代金計（60kg 当たり）	13,000	10,000	422	422
・品代金計（10a 当たり）	114,833	88,333	3,728	3,728
■政策支援				
・米の直接支払交付金	7,500	7,500	0	0
・水田活用の交付金（戦略作物助成）	0	0	80,000	80,000
・水田活用の交付金（耕畜連携助成）	0	0	13,000	13,000
・政策支援計	7,500	7,500	93,000	93,000
収入計	122,333	95,833	96,728	96,728
［2］生産費（家族労働費、自己資本利子、自作地地代除く）				
①物財費				
（①－1）変動費				
・種苗費	2,125	2,125	2,125	2,125
・肥料費	8,891	8,891	8,891	8,891
・農業薬剤費	7,477	7,477	7,477	7,477
・光熱動力費	4,547	4,547	4,547	4,547
・その他の諸材料	2,081	2,081	2,081	2,081
・土地改良および水利費	4,621	4,621	4,621	4,621
・賃借料および料金	5,494	5,494	5,494	5,494
・物件税および公課諸負担	1,668	1,668	1,668	1,668
・変動費計	36,904	36,904	36,904	36,904
（①－2）固定費				
・建物費	4,069	4,069	0	4,069
・自動車費	2,505	2,505	0	2,505
・農機具費	21,223	21,223	0	21,223
・生産管理費	540	540	0	540
・固定費計	28,337	28,337	0	28,337
②雇用労働費	2,232	2,232	2,232	2,232
③副産物価額	－3,246	－3,246	－3,246	－3,246
④支払利子・地代	9,370	9,370	9,370	9,370
⑤生産費計（①～④の合計）	73,597	73,597	45,260	73,597
［3］経営所得計＝［1］－［2］	48,736	22,236	51,468	23,131

資料：日本農業新聞 2014 年 7 月 11 日（原資料は JA 全農試算）。

注；1）パターンⅠは、主食用米生産に固定費を配賦し、飼料用米生産には変動費だけを算入（＝主食用米生産で固定費を回収）。パターンⅡは、飼料用米生産にも主食用米生産と同額の固定費を配賦。

2）農水省「2012 年産米生産費」、作付け規模 5.0ha 以上の平均をベースに算定。

3）米生産費のうち建物費、自動車費、農機具費、生産管理費を固定費とみなした。

4）10 a 当たり収量は全国平均 530kg で試算。

5）飼料用米について、販売価格は 27 円/kg（税別）を、流通経費（運賃、保管料など）は全国共計の過去実績などを参考に仮置き。

用米生産の意義です。問題は交付金によって支えられた生産となるため「捨て作り」となってしまう可能性があることです。２０１４年度から数量払い助成が導入されたのはそのためでしょう。飼料用米生産が農業経営の柱の1つとして定着するかどうかが問われており、単収増加への取り組みがどこまで行われているのかが今後のポイントとなってくるでしょう。

(2) 飼料用米生産の定着・拡大の状況—中規模層・相対的低米価地域で拡大—

山形県遊佐町は生協を通じた消費者との連携を基礎に、町をあげてのブロックローテーションによる大豆生産だけでなく、飼料用米生産にもいち早く取り組んできました。**図4**は２０１３年と２０１４年の飼料用米作付面積の変化を示したものですが、これをみると分かるように２０１３年から２０１４年にかけて調査農家のほぼ全戸が飼料用米の作付面積を増加させています。また、飼料用米の作付面積が50～２００ａであった農家がその面積を大きく増やしている傾向が確認されます。ただし、「全国的な増減とはまったく違い、ほとんど変化はありません」（小沢亙論文）という指摘のように、増加した作付面積の数字自体はそれほど大きなものではありません。これは大豆の連作障害の回避ということも含めて既に飼料用米生産が定着しているということなのでしょう。

次に水田経営面積と飼料用米作付面積との関係を示した**図5**をみてみましょう。これによると水田経営面積が増加しても必ずしも飼料用米の作付面積を増加させているわけではないようです。生産者によって判断はまちまちということのようです。

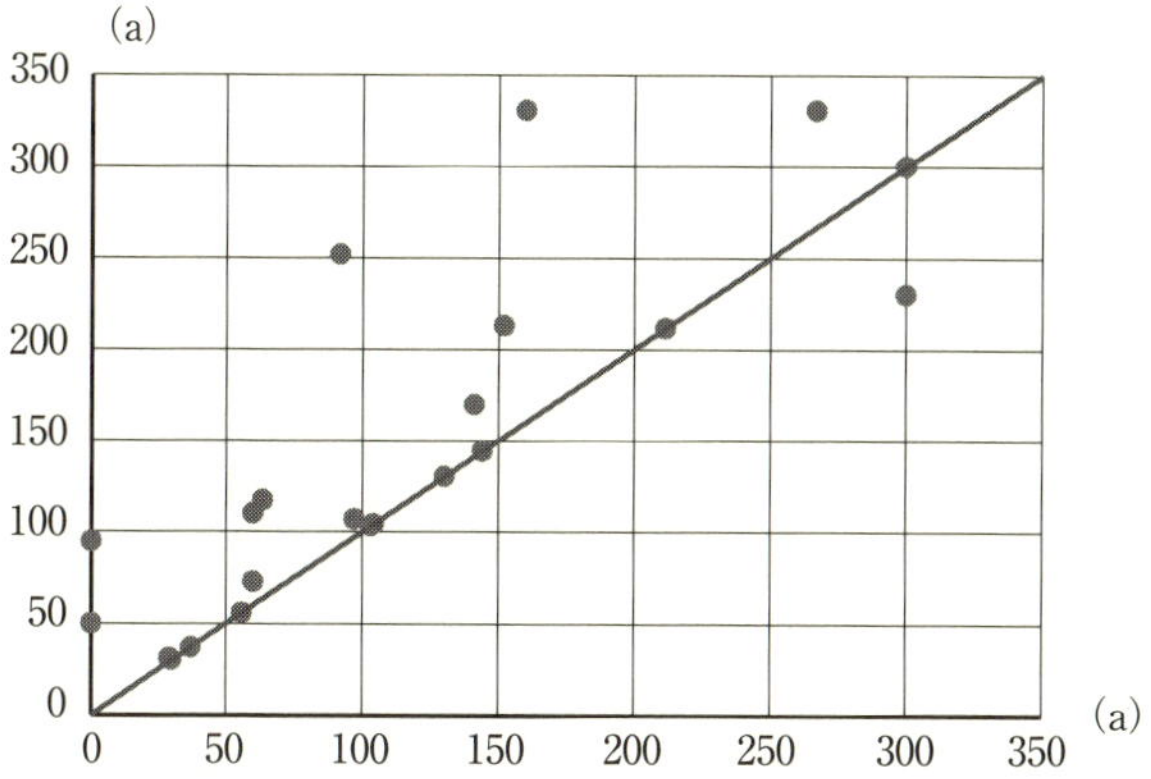

図４　飼料用米作付面積の変化（遊佐町・2013年-2014年）

資料：2014年農家調査結果より筆者作成。
注：横軸が2013年の実績、縦軸が2014年の実績。

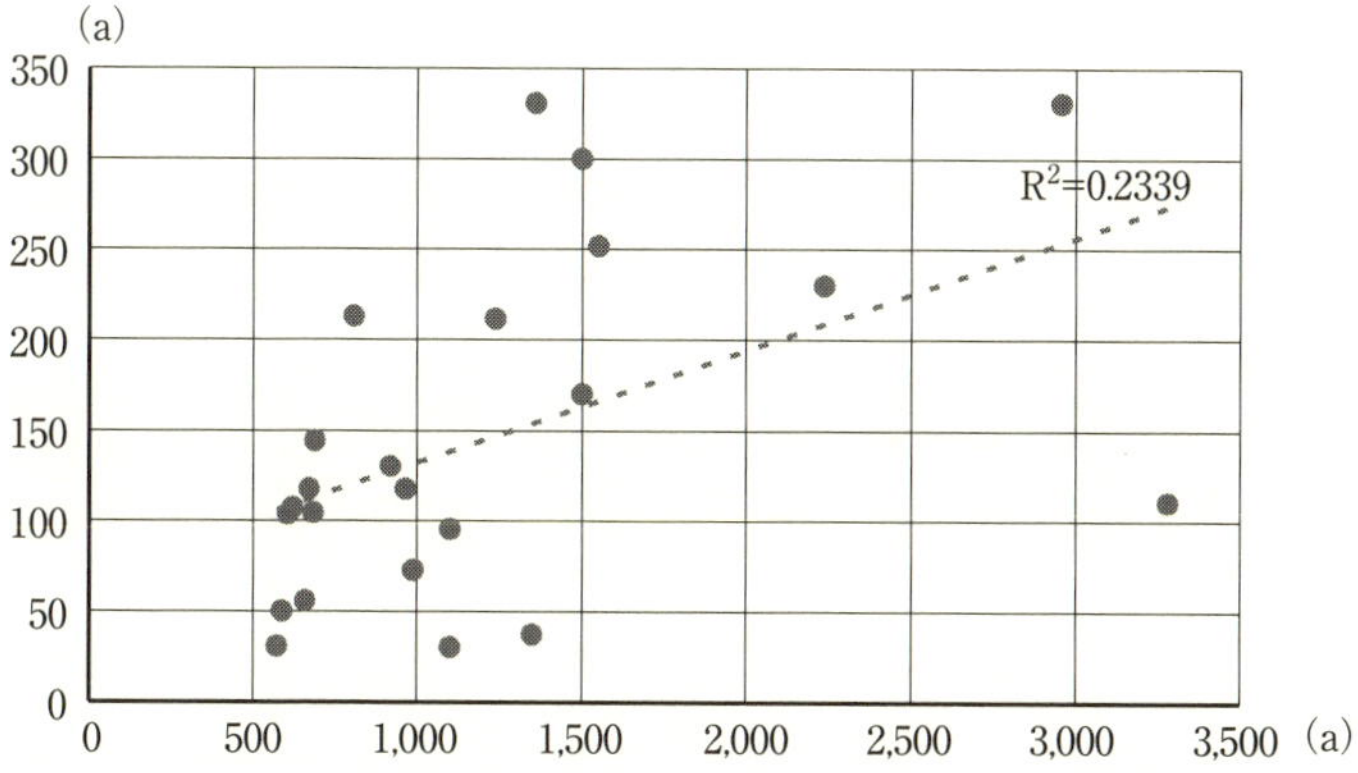

図５　水田経営面積と飼料用米作付面積との関係（遊佐町・2014年）

資料：2014年農家調査結果より筆者作成。
注：横軸が水田経営面積、縦軸が飼料用米作付面積。

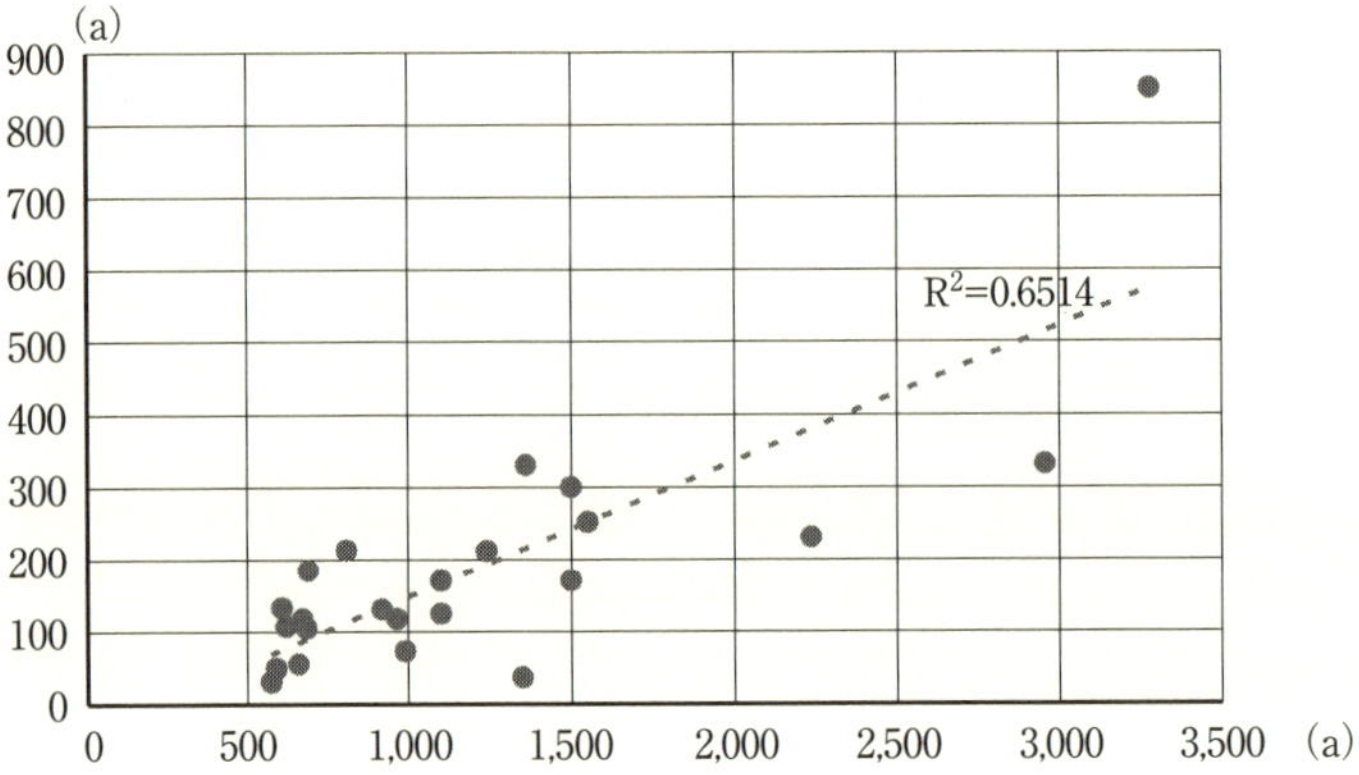

図6　水田経営面積と水稲転作面積との関係（遊佐町・2014年）

資料：2014年農家調査結果より筆者作成。
注：1）横軸が水田経営面積、縦軸が水稲転作面積。
　　2）水稲転作＝飼料用米＋稲WCS＋加工用米。

そこで、水田経営面積と稲ＷＣＳや加工用米を含めた水稲転作面積との関係を示した**図6**を作成しました。これによると水田経営面積の増加とともに「米での転作」面積は増加しているという関係が存在しているようにみえます。

2つの図から推測されるのは、「米での転作」は新しい機械施設の導入や新規の技術習得は必ずしも必要ではなく取り組みやすいのですが、数量払い助成の導入に伴って一定以上の単収をあげなければならず、それだけの手間ひまやコストがかかるため水田経営面積が20haを超えるような生産者になると単位面積当たりの収益性よりも全体としての作業効率性や労働生産性の方が重要となり、水田経営面積の拡大に伴って飼料用米作付面積が増大するわけではないということです。大規模経営はこれまで通り大豆での転作を続けるか、飼料用米と同じ「米での転作」でも労働時間が少なくて済む稲ＷＣＳで対応しているのではないでしょうか。この解釈が正しいとすれば、今後、飼料用米の作付面

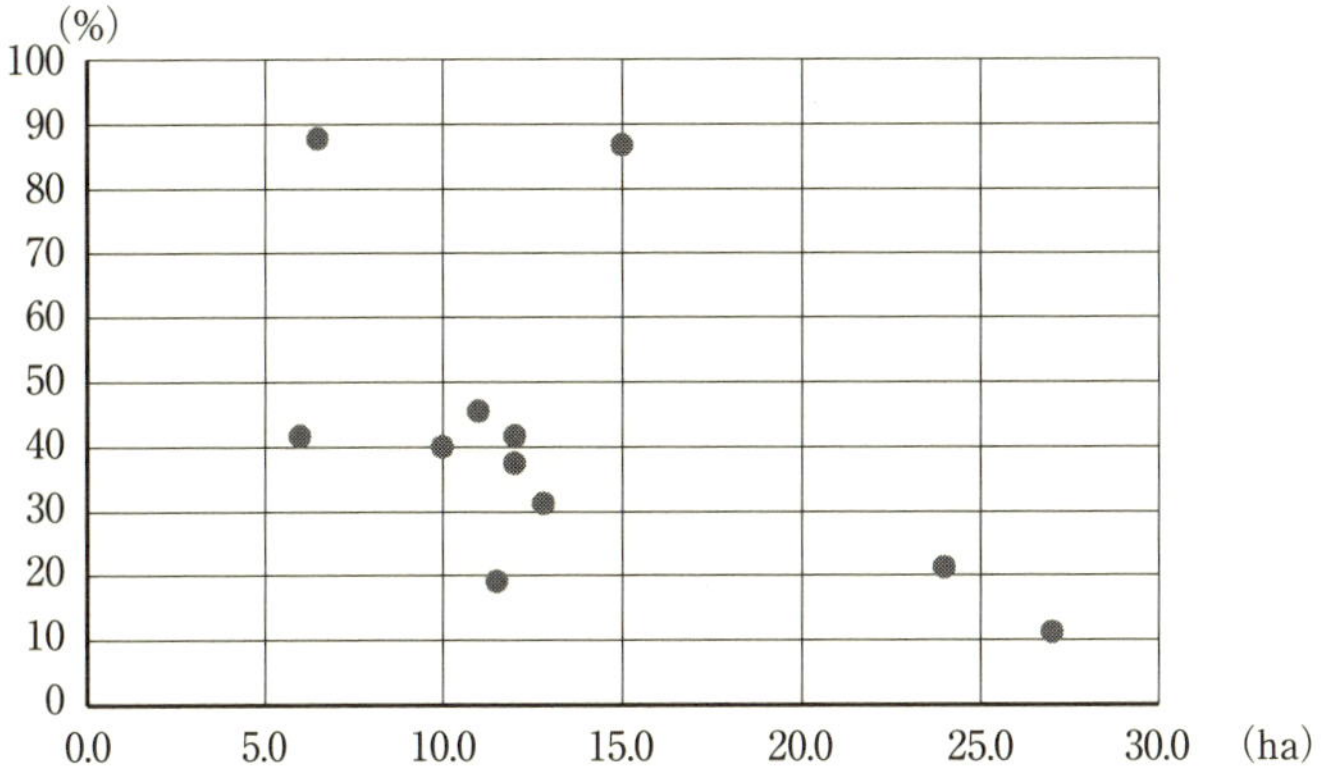

図7　水田経営面積と飼料用米面積割合との関係（T市・2014年）

資料：2014年農家調査結果より筆者作成。
注：１）横軸が水田経営面積、縦軸が飼料用米面積割合。
　　２）飼料用米面積割合＝飼料用米面積／水田経営面積。

積の増加が見込まれるのは相対的に米価水準が低く、水田経営面積10 ha前後の階層が分厚く存在しているような地域となります。

青森県T市は転作率が44・3%と高く、2014年産米の概算金は7900円／60 kgと大きく下落した米単作地帯です。飼料用米の流通が相対契約によるものが多いこともあって、飼料用米生産に取り組んでいる農家は5 ha以上層に多く、「作業体制の見直しや直播体系、コスト削減の実現を課題視」している状況にあります（吉仲玲論文）。また、注目されるのは「生産調整廃止後の土地利用としては、5 ha以上の全ての階層において、非主食用米への対応を強化する意向」を有している点であり、生産調整廃止後の対応方向をとりまとめた表をみますと「飼料用米・加工用米を増やす」と回答した割合が、7～10 ha層で39%、10～15 ha層で40%と10 ha前後層で高くなっている点です。

図7はT市の12戸の調査農家の水田経営面積と飼料用米面

積割合との関係を示したものです。水田経営面積が20haを超えるような経営では飼料用米を作付けている面積の占める割合は10～20％にとどまっていますが、10ha前後の規模の経営では40％近くに達しており、転作はほぼ飼料用米で対応している状況にあります。また、水稲作付面積のほとんどを飼料用米に転換する経営も出てきており、驚かされました。しかもそのほとんどが主食用米品種ではなく飼料用米の専用品種での対応となっています。相対的な低米価地域ではT市のような動きが中規模層を中心に広がっていくことが予想されるのです。

ただし、こうした飼料用米生産が定着・拡大するかどうかは政策の安定性にかかっています。それは財源の問題です。飼料用米の売り渡し価格はおおよそ30円／kgですので、輸入飼料原料の価格が高止まりしていたとしても飼料用米の価格の上昇を見込むことは難しいでしょう。飼料用米生産が定着・拡大していくためには助成金は不可欠なのです。最終的には水田農業を支えるためにどれだけの予算を投入するのか。その意志が政府に問われているのです。

(3) 関東二毛作水田地帯の集落営農―法人化は進展、経営の内実はこれから―

これまで関東では集落営農の展開はそれほどみられず、その数も多くありませんでした。しかし、旧品目横断的経営安定対策によって集落営農の設立が急速に進みました。2006年から2007年にかけて、群馬は34から128へと4倍近く、埼玉は36から79へと2倍以上の増加となりました（集落営農実態調査）。旧品目横断的経営安定対策は当初、個別経営で4ha以上、集落営農で20ha以上という規模要件を課したため、関東二毛作水田

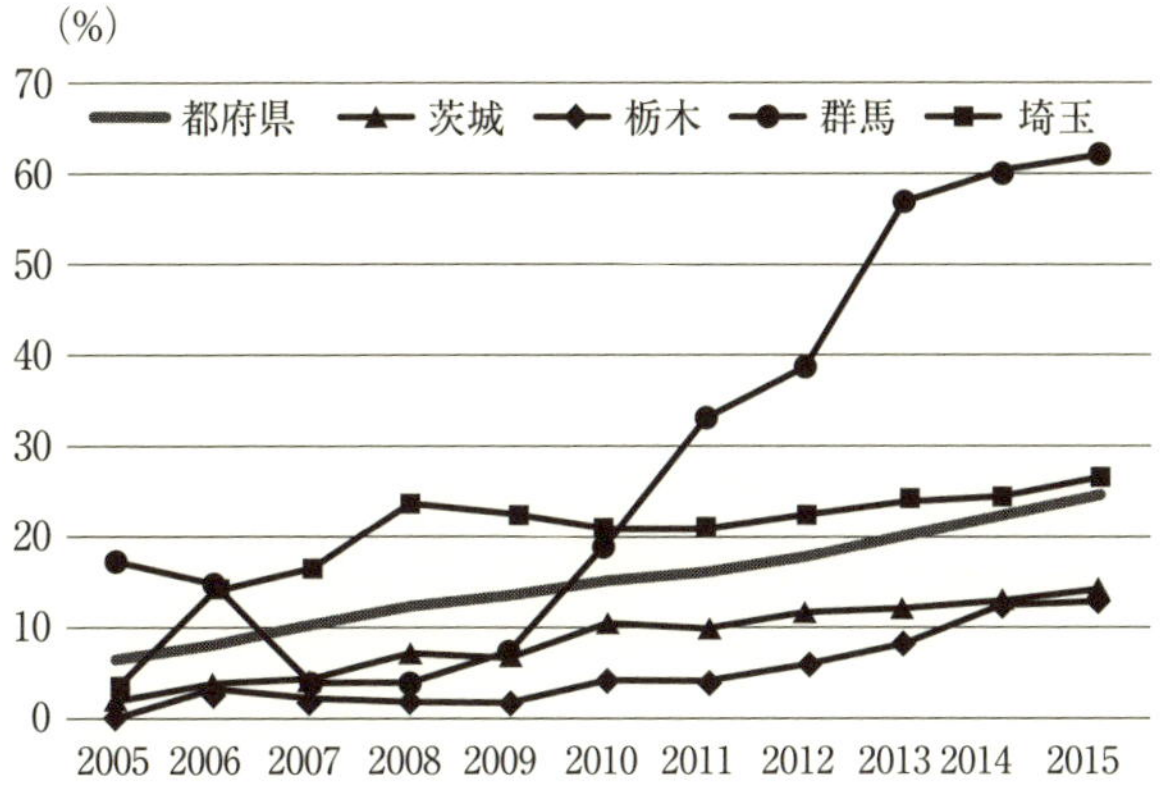

図８　集落営農の法人化率の推移

資料：農林水産省「集落営農実態調査」。
注：集落営農の法人化率＝（法人化している集落営農数／集落営農数）×100。

地帯では裏作麦・転作麦が崩壊の危機を迎えることになりました。それに対応するため、これまで任意組織であった麦作集団や転作組織を政策に適合するかたちの組織替えを進めていくことになったのです。麦作が補助金の交付対象から外れないよう救うための集落営農、制度的には特定農業団体の急増だったということです。その典型が埼玉県熊谷市でした。

ただし、現在は栃木を除けば集落営農の設立は一段落しており、２００８年以降、群馬、埼玉とも集落営農の数はほとんど増えず、前者は２０１２年を、後者は２０１１年をピークに減少に転じています。

こうした集落営農が政策の想定するような経営体として発展しているのかどうかが問われるところです。その１つの指標が法人化です。**図８**は集落営農の法人化率の推移を示したものです。これによると埼玉は30％を目前としており、都府県を上回っています。群馬の法人化率は非常に高く、２０１５年現在、６割を超えています。しかし、実際のところはどうなのでしょうか。

最初に熊谷市の状況をみることにしましょう。ここでは「品目横断的経営安定対策を契機に、主に麦作を担う集落営農が設立」されたのですが、26組織のうち「大豆作に取り組むのは4組織」だけで、現在も「麦作のみが大半」を占める状況です（大仲克俊論文）。組織として機械を保有している集落営農も少なく、機械を保有している場合でも機械更新のための資金を蓄積しているものはアンケート調査では1つも確認することができませんでした。機械作業も組合員の持ち寄りや組合員への再委託が多く、経営としての体制整備はまだまだこれからという状況です。当面は定年帰農者を農業専従者として確保しながら何とか組織の存続を図っていくということのようであり、麦作集団出自の集落営農が表作の稲作も担う組織となるまでにはまだ時間がかかりそうです。

群馬県伊勢崎市には15の集落営農があり、そのうち11組織までが法人化しています。旧品目横断的経営安定対策を契機に設立された任意組織が農協の指導によって順調に法人化が進められてきました。残りの4つの集落営農についても法人化の準備が進められています。この地域の集落営農の出自は「米麦の乾燥調製機械利用組合」で、「必ずしも集落単位」の組織ではないという点に特徴があります。機械利用組合として発足した組織なので稲作や麦作の作業受託や期間借地（裏麦作）が多いのではないかと予想していたのですが、期間借地は少なく、利用権設定で農地を借りて経営している組織が多いという調査結果となりました。これは経営体としては前進です。

具体的な集落営農法人の調査結果によると、組織の中に一定程度の農業専従者が確保されているのですが、高齢化が進んでいる点が懸念されます。機械を共同所有し、オペレーターも絞り込んで省力化を図り、コストダウンを実現してはいるのですが、1つの組織として集落営農を発展させていくことが今後の課題となっています。

それが難しいのは、「オペレーターのうち認定農業者は3人で施設野菜の専業農家」「専業農家は、露地野菜（ハクサイ・ブロッコリー等）や施設野菜（ニラ）の農家」とあるようにオペレーター層が個別に複合部門を経営しているる構造にあるためでしょう(4)。農業専業的な方々が個々の複合部門で主たる所得を得ているとすれば、集落営農を組織として発展させようという方向にはなかなか向かいにくいからです。この問題は複合経営地帯における集落営農のあり方をどう考えるかという課題でもあるのです。

注

（1）旧品目横断的経営安定対策を契機とした集落営農の増加現象と埼玉県熊谷市における集落営農の設立状況については、安藤光義「水田農業構造再編と集落営農」『農業経済研究』２００８年を参照されたい。

（2）財政制度等審議会の分科会は、米の生産調整について、飼料用米や麦などの転作助成が「需要より、補助金単価が作物の選択に大きな影響を与えている」と指摘した。日本農業新聞２０１４年10月21日。

（3）米価の下落は飼料用米だけでなく稲ＷＣＳへの転換を促進する要因としてはたらいている。熊本県大津町で農地２９７haを経営する（株）ネットワーク大津は２０１５年産の作付計画で主食用米の５分の1を稲ＷＣＳに転換する方針を表明しているし（日本農業新聞２０１５年3月8日）、広島県北部を中心にＷＣＳ用稲の収穫などを請け負う広島県酪農業協同組合の２０１５年産の契約面積は前年の5倍を超す89 haに達している（日本農業新聞２０１５年3月15日）。

（4）群馬県平坦部はもともと「稲・麦・養蚕の作目結合を骨格とする伝統的複合経営」であったが、養蚕の衰退により、施設園芸や畜産が導入された複合経営に変貌を遂げてきた。この地域の農業構造と生産組織化の展開過程については、佐藤了「複合生産地帯」永田恵十郎編著『空っ風農業の構造』日本経済評論社、１９８５年を参照されたい。

【著者紹介】

星 勉 ［ほし　つとむ］
一般社団法人 JC 総研主席研究員。1954 年、福島県生まれ。博士（農学）

小沢 亙 ［おざわ　わたる］
山形大学教授（農学部）。1957 年、岩手県生まれ。
帯広畜産大学大学院畜産学研究科畜産経営学修了。博士（農学）。

吉仲 怜 ［よしなか　さとし］
弘前大学農学生命科学部助教。1979 年、山形県生まれ。
北海道大学大学院農学研究科修了。博士（農学）。

大仲　克俊 ［おおなか　かつとし］
岡山大学大学院環境生命科学研究科准教授。1981 年、愛知県生まれ。
高崎経済大学大学院修了。博士（地域政策学）。

安藤 光義 ［あんどう　みつよし］
東京大学大学院農学生命科学研究科教授。1966 年、神奈川県生まれ。
東京大学大学院農学研究科博士課程修了。博士（農学）

JC 総研ブックレット No.14

水田利用の実態

我が国の水田農業を考える

2016 年 1 月 22 日　第 1 版第 1 刷発行

著　者 ◆ 星 勉・小沢 亙・吉仲 怜・大仲 克俊・安藤 光義
発行人 ◆ 鶴見 治彦
発行所 ◆ 筑波書房
東京都新宿区神楽坂 2-19 銀鈴会館 〒162-0825
☎ 03-3267-8599
郵便振替 00150-3-39715
http://www.tsukuba-shobo.co.jp

定価は表紙に表示してあります。
印刷・製本 = 平河工業社
ISBN978-4-8119-0476-4　C0036

「JC総研ブックレット」刊行のことば

筑波書房は、人類が遺した文化を、出版という活動を通して後世に伝え、人類がそれを享受することを願って活動しております。1979年4月の創立以来、このような信条のもとに食料、環境、生活など農業にかかわる書籍の出版に心がけて参りました。

20世紀は、戦争や恐慌など不幸な事態が繰り返されましたが、60億人を超える世界の人々のうち8億人以上が、飢餓の状況におかれていることも人類の課題となっています。筑波書房はこうした課題に正面から立ち向います。

グローバル化する現代社会は、強者と弱者の格差がいっそう拡大し、不平等をさらに広めています。食料、農業、そして地域の問題も容易に解決できないことが山積みです。そうした意味から弊社は、従来の農業書を中心としながらも、さらに生活文化の発展に欠かせない諸問題をブックレットというかたちで、わかりやすく、読者が手にとりやすい価格で刊行することと致しました。

この「JC総研ブックレットシリーズ」もその一環として、位置づけるものです。

課題解決をめざし、本シリーズが永きにわたり続くよう、読者、筆者、関係者のご理解とご支援を心からお願い申し上げます。

2014年2月

筑波書房

JC総研［JC そうけん］

JC（Japan-Cooperative の略）総研は、JA グループを中心に4つの研究機関が統合したシンクタンク（2013 年 4 月「社団法人 JC 総研」から「一般社団法人 JC 総研」へ移行）。JA 団体の他、漁協・森林組合・生協など協同組合が主要な構成員。

（URL：http://www.jc-so-ken.or.jp）